U0169980

图说
博弈论

圣 铎 编著

中国华侨出版社
北 京

图书在版编目（CIP）数据

图说博弈论 / 圣铎编著 . -- 北京 : 中国华侨出版社 , 2021.6

ISBN 978-7-5113-8538-3

Ⅰ . ①图… Ⅱ . ①圣… Ⅲ . ①博弈论 – 图解 Ⅳ . ① O225-64

中国版本图书馆 CIP 数据核字（2021）第 095095 号

图说博弈论

编　　著 / 圣　铎
出 版 人 / 刘凤珍
责任编辑 / 李胜佳
封面设计 / 冬　凡
文字编辑 / 孟　飞
美术编辑 / 李丹丹
经　　销 / 新华书店
开　　本 / 880mm × 1230mm　1/32　印张 /8　字数 /150 千字
印　　刷 / 三河市华成印务有限公司
版　　次 / 2021 年 6 月第 1 版　2021 年 6 月第 1 次印刷
书　　号 / ISBN 978-7-5113-8538-3
定　　价 /38.80 元

中国华侨出版社　北京市朝阳区西坝河东里 77 号楼底商 5 号　邮编：100028
法律顾问：陈鹰律师事务所
发 行 部：（010）64443051　传　　真：（010）64439708
网　　址：www.oveaschin.com　E-mail：oveaschin@sina.com

前言

PREFACE

博弈论，又称对策论，是使用严谨的数学模型研究冲突对抗条件下最优决策问题的理论。作为一门正式学科，博弈论是在20世纪40年代形成并发展起来的。它原是数学运筹中的一个支系，用来处理博弈各方参与者最理想的决策和行为的均衡，或帮助具有理性的竞赛者找到他们应采用的最佳策略。在博弈中，每个参与者都在特定条件下争取其最大利益。

目前，博弈论在经济学中占据越来越重要的地位，在商战中被频繁地运用。此外，它在国际关系、政治学、军事战略和其他各个方面也都得到了广泛的应用，甚至人际关系的互动、夫妻关系的协调、职场关系的争夺、商场关系的出招、股市基金的投资，等等，都可以用博弈论的思维加以解决。总之，博弈无处不在，自古至今，从战场到商场、从政治到管理、从恋爱到婚姻、从生活到工作……几乎每一个人类行为都离不开博弈。在今天的现实生活中，如果你能够掌握博弈智慧，就会发现身边的每一件让你头痛的小事，从夫妻吵架到要求加薪都能够借用博弈智慧达到自己的目的。而一旦你能够在生活和工作的各个方面把博弈智慧运用得游刃有余，成功也就在不远处向你招手了。

博弈是智慧的较量，互为攻守却又相互制约。有人的地方就有竞争，有竞争的地方就有博弈。人生充满博弈，若想在现代社会做一个强者，就必须懂得博弈的运用。本书用轻松活泼的语言对博弈论的基本原理进行了深入浅出的探讨，详细介绍了纳什均衡、囚徒博弈、智猪博弈、猎鹿博弈、枪手博弈、警察与小偷博弈等博弈模型的内涵、适用范围、作用形式，将原本深奥的博弈论通俗化、简单化。同时对博弈论在政治、管理、营销、信息战及人们日常的工作和生活中的应用做了详尽而深入的剖析。通过本书，读者可以了解博弈论的来龙去脉，掌握博弈论的精义，开阔眼界，提高自己的博弈水平和决策能力，将博弈论的原理和规则运用到自己的人生实践中，面对问题做出理性选择，避免盲目行动，在人生博弈的大棋局中占据优势，获得事业的成功和人生的幸福。

目录

CONTENTS

第七章 枪手博弈

第八章 警察与小偷博弈

第九章 协和博弈

第十章 讨价还价博弈

第十一章 路径依赖中的博弈

第十二章 营销中的博弈

第十三章 概率、风险与边缘策略

第一章
博弈论入门

第一节 什么是博弈论：从“囚徒困境”说起

一天，警局接到报案，一位富翁被杀死在自己的别墅中，家中的财物也被洗劫一空。经过多方调查，警方最终将嫌疑人锁定在杰克和亚当身上，因为事发当晚有人看到他们两个神色慌张地从被害人的家中跑出来。警方到两人的家中进行搜查，结果发现了一部分被害人家中失窃的财物，于是将二人作为谋杀案和盗窃案嫌疑人拘留。

但是到了拘留所里面，两人都矢口否认自己杀过人，他们辩称自己只是路过那里，想进去偷点东西，结果进去的时候发现主人已经被人杀死了，于是他们便随便拿了点东西就走了。这样的解释不能让人信服，再说，谁都知道在判刑方面杀人罪要比盗窃罪严重得多。警察决定将两人隔离审讯。

隔离审讯的时候，警察告诉杰克：“尽管你们不承认，但是我知道人就是你们两个杀的，事情早晚会水落石出的。现在我给你一个坦白的机会，如果你坦白了，亚当拒不承认，那你就是主动自首，同时协助警方破案，你将被立即释放，亚当则要坐 10 年牢；如果你们都坦白了，每人坐 8 年牢；都不坦白的话，可能以入室盗窃罪判你们每人 1 年，如何选择你自己想一想吧。”同样的话，警察也说给了亚当。

一般人可能认为杰克和亚当都会选择不坦白，这样他们只能以入室盗窃的罪名被判刑，每人只需坐 1 年牢。这对于两人来说是最好的一种结局。可结果会是这样的吗？答案是否定的，两人都选择了招供，结果每人各被判了 8 年。

事情为什么会这样呢？杰克和亚当为什么会做出这样“不理智”的选择呢？其实这种结果正是两人的理智造成的。我们先看一下两人坦白与否及其结局的矩阵图：

		亚当	
		坦白	不坦白
杰克	坦白	（8，8）	（0，10）
	不坦白	（10，0）	（1，1）

当警察把坦白与否的后果告诉杰克的时候，杰克心中就会开始盘算坦白对自己有利，还是不坦白对自己有利。杰克会想，如果选择坦白，要么当即释放，要么同亚当一起坐 8 年牢；要是选择不坦白，虽然可能只坐 1 年牢，但也可能坐 10 年牢。虽然（1，1）对两人而言是最好的一种结局，但是由于是被分开审讯，信息不通，所以谁也没法保证对方是否会选择坦白。选择坦

白的结局是8年或者0年，选择不坦白的结局是10年或者1年，在不知道对方选择的情况下，选择坦白对自己来说是一种优势策略。于是，杰克会选择坦白。同时，亚当也会这样想。最终的结局便是两个人都选择坦白，每人都要坐8年牢。

上面这个案例就是著名的“囚徒困境”模式，是博弈论中最出名的一个模式。为什么杰克和亚当每个人都选择了对自己最有利的策略，最后得到的却是最差的结果呢？这其中便蕴含着博弈论的道理。

博弈论是指双方或者多方在竞争、合作、冲突等情况下，充分了解各方信息，并依此选择一种能为本方争取最大利益的最优决策的理论。

“囚徒困境”中杰克和亚当便是参与博弈的双方，也称为博弈参与者。两人之所以陷入困境，是因为他们没有选择对两人来说最优的决策，也就是同时不坦白。而根本原因则是两人被隔离审讯，无法掌握对方的信息。所以，看似每个人都做出了对自己最有利的策略，结果却是两败俱伤。

我们身边的很多事情和典故中也有博弈论的应用，我们就用大家比较熟悉的“田忌赛马”这个故事来解释一下什么是博弈论。

齐国大将田忌，平日里喜欢与贵族赛马赌钱。当时赛马的规矩是每一方出上等马、中等马、下等马各一匹，共赛三场，三局两胜制。由于田忌的马比贵族们的马略逊一筹，所以十赌九输。当时孙膑在田忌的府中做客，经常见田忌同贵族们赛马，对赛马的比赛规则和双方马的实力差距都比较了解。这天田忌赛马又输了，非常沮丧地回到府中。孙膑见状，便对田忌说：“明天你尽管同那些贵族们下大赌注，我保证让你把以前输的全赢回来。”田忌相信了孙膑，第二天约贵族赛马，并下了千金赌注。

孙膑为什么敢打保证呢？因为他对这场赛马的博弈做了分析：双方都派上等、中等、下等马各一匹，田忌每一等级的马都比对方同一等级的马慢一点，因为没有规定出场顺序，所以比赛的对阵形式可能有 6 种，每一种对阵形式的结局是很容易猜测的：

第一种情况：上等马对上等马，中等马对中等马，下等马对下等马。结局：三局零胜；

第二种情况：上等马对上等马，下等马对中等马，中等马对下等马。结局：三局一胜；

第三种情况：中等马对上等马，上等马对中等马，下等马对下等马。结局：三局一胜；

第四种情况：中等马对上等马，下等马对中等马，上等马对下等马。结局：三局一胜；

第五种情况：下等马对上等马，上等马对中等马，中等马对下等马。结局：三局两胜；

第六种情况：下等马对上等马，中等马对中等马，上等马对下等马。结局：三局一胜。

六种对阵形式中，只有一种能使田忌取胜，孙膑采取的正是这一种。赛前孙膑对田忌说："你用自己的下等马去对阵他的上等马，然后用上等马去对阵他的中等马，最后用中等马去对阵他的下等马。"比赛结束之后，田忌三局两胜，赢得了比赛。田忌从此对孙膑刮目相看，并将他推荐给了齐威王。同样的马，只是调整了出场顺序，便取得截然相反的结果。这里边蕴含着博弈论的道理。

在田忌赛马这个故事中，田忌同齐国的贵族便是博弈的双方，也称为博弈的参与者。孙膑充分了解了各方的信息，也就是比赛的规则与各匹马之间的实力差距，并在 6 种可以选择的策略中帮田忌选择了一个能争取最大利益的策略，也就是最优策略。所以说，这是一个很典型的博弈论在实际中应用的例子。

在这里还要区分一下博弈与博弈论的概念，以免搞混。它们既有共同点，又有很大的差别。

"博弈"的字面意思是指赌博和下围棋，用来比喻为了利益进行竞争。自从人类存在的那一天开始，博弈便存在，我们身边也无时无刻不在上演着一场场博弈。而博弈论则是一种系统的理论，属于应用数学的一个分支。可以说博弈中体现着博弈论的思想，是博弈论在现实中的体现。

博弈作为一种争取利益的竞争，始终伴随着人类的发展。但是博弈论作为一门科学理论，是 1928 年由美籍匈牙利数学家约翰·冯·诺依曼建立起来的。他同时也是计算机的发明者，计算机在发明最初不过是庞大、笨重的算数器，但是今天已经深深影响到了我们生活、工作的各个方面。博弈论也是如此，最初冯·诺依曼证明了博弈论基本原理的时候，它只不过是一个数学理论，对现实生活影响甚微，所以没有引起人们的注意。

直到 1944 年，冯·诺依曼与摩根斯坦合著的《博弈论与经济行为》发行出版。这本书的面世意义重大，先前冯·诺依曼的博弈理论主要研究二人博弈，这本书将研究范围推广到多人博弈；同时，还将博弈论从一种单纯的理论应用于经济领域。在经济领域的应用，奠定了博弈论发展为一门学科的基础。

谈到博弈论的发展，就不能不提到约翰·福布斯·纳什。这是一位传奇的人物，他于 1950 年写出了论文“N 人博弈中的均衡点”，当时年仅 22 岁。第二年他又发表了另一篇论文“非合作博弈”。这两篇论文将博弈论的研究范围和应用领域大大推广。论文中提出的“纳什均衡”已经成为博弈论中最重要和最基础的理论。他也因此成为一代大师，并于 1994 年获得诺贝尔经济学奖。

经济学史上有三次伟大的革命，它们是“边际分析革命”、“凯恩斯革命”和“博弈论革命”。博弈论为人们提供了一种解决问题的新方法。

博弈论发展到今天，已经成了一门比较完善的学科，应用范围也涉及各个领域。研究博弈论的经济学家获得诺贝尔经济学奖的比例是最高的，由此也可以看出博弈论的重要性和影响力。2005年的诺贝尔经济学奖又一次颁发给了研究博弈论的经济学家，瑞典皇家科学院给出的授奖理由是“他们对博弈论的分析，加深了我们对合作和冲突的理解”。

那么，博弈论对我们个人的生活有什么影响呢？这种影响可以说是无处不在的。假设，你去酒店参加一个同学的生日聚会，当天晚上他的亲人、朋友、同学、同事去了很多人，大家都玩得很高兴。可就在这时，外面突然失火，并且火势很大，无法扑灭，只能逃生。酒店里面人很多，但是安全出口只有两个。一个安全出口距离较近，但是人特别多，大家都在拥挤；另一个安全出口的人很少，但是距离相对远。如果抛开道德因素来考虑，这时你该如何选择？

这便是一个博弈论的问题。我们知道，博弈论就是在一定情况下，充分了解各方面信息，并做出最优决策的一种理论。在这个例子里，你身处火灾之中，了解到的信息就是远近共有两个安全门，以及这两个门的拥挤程度。在这里，你需要做出最优决策，也就是最有可能逃生的选择。那应该如何选择呢？

你现在要做的事情是尽快从酒店的安全门出去，也就是说，走哪个门出去花费的时间最短，就应该走哪个门。这个时候，你要迅速地估算一下到两个门之间的距离，以及人流通过的速度，算出走哪个门逃生会用更短的时间。估算的这个结果便是你的最优策略。

第二节 博弈四要素

我们已经知道了博弈论的概念和发展过程，概念中显示了博弈论必须拥有的几个要素。我们结合下面的例子介绍一下这些要素。

今天是周末，难得的休息时间。晚饭过后，一对夫妻坐在沙发上看电视。丈夫早早地就把频道锁定在了体育频道，因为此时恰逢世界杯，今晚比赛的球队又有他喜欢的阿根廷队。他以前便是马拉多纳的铁杆球迷，现在又是梅西的球迷，这场比赛好几天之前他就开始关注了。但是这个时间另一个频道马上要播出一部连续剧，妻子已经连续追了 20 多集，剧情跌宕起伏，已经发展到了高潮阶段，妻子自然不想错过。于是，一场关于电视选台的博弈便展开了。

丈夫认为自己平时工作忙，根本没有时间看球赛，电视都是妻子一个人独享，今晚好不容易有机会看一场球赛，妻子应该让给他一次。而且连续剧以后会重播，到时候再补上就行了。但是妻子不这么认为，她觉得丈夫把体育频道锁定大半天了，现在应该让给她看。再说，想要知道比赛结局，直接看新闻就行了，想要看比赛过程，明天还会有重播。两个人各执一词，互不相让。比赛马上就要开始了，连续剧播出的时间也快到了，两个人应该做出怎样的选择呢？

我们根据博弈论的定义，以及具体的例子来介绍一下博弈的要素。一场博弈一般包含了 4 个基本要素。

（1）至少两个参与者。博弈论的参与者又被称为决策主体，也就是在博弈中制定决策的人。没有参与者也就不会有博弈，而且参与者至少为两人。在上面的例子中，如果只有丈夫一个人在家，或者只有妻子一个人在家，便不会发生关于看电视抢台的博弈。古龙在小说《无情剑客多情剑》中曾经描写了一场小李飞刀同嵩阳铁剑之间的对决，如果只有一个人在那里要刀要枪，不能称为对决。博弈必须有对象，好比做生意，只有买方没有卖方，或者只有卖方没有买方，都做不成生意。

博弈论的奠基人冯·诺依曼在《博弈论与经济行为》中就曾经举例说明，他说，《鲁滨孙漂流记》中的鲁滨孙一个人在荒岛上，与世隔绝，形成了只有一个参与者的独立系统，没有博弈。但是，黑人仆人“礼拜五”一加入，系统中有了两个参与者，便有了博弈。

有两个参与者的博弈被称为两人博弈。象棋、围棋、拳击就属于两人博弈。有多个参与者的博弈被称为多人博弈，如打麻将、六方会谈、三英战吕布就属于多人博弈。

参与者在博弈中的表现便是制定决策与对方的决策抗衡，并为自己争取最大利益。参与者之间的关系是相互影响的，自己在制定策略的时候往往需要参照对方的策略。

（2）利益。从博弈论的定义中我们知道，双方或者多方进行博弈的最终目的都是为自己争取最大利益。因此，利益是博弈中必不可少的一个要素。本节开头关于电视选台的例子中，丈夫的利益便是看体育频道，看自己喜欢的足球比赛，享受足球带来的那种狂热和喜悦；而对妻子来说，她的利益则是看电视剧频道，满足后面的剧情带来的好奇心，跟着剧中的主人公一起哭一起笑。正是因为双方有各自不同的利益，所以才会产生博弈。假设这对夫妻都是铁杆球迷的话，就不存在双方争频道的博弈了。

在商业中，买方和卖方之间博弈的原因便是一方想多挣钱，另一方想少花钱。卖方的利益是怎样让同样的东西卖出更多的钱；而买方的利益便是怎样花更少的钱，或者怎样用同样的钱买更多的东西。

决策主体之所以投入博弈中来，就是为了争取最大的利益。利益越大，对参与者的吸引力便越大，博弈的过程也就越激烈。

利益是一个抽象的概念，不单是指钱，可以是指在一定时间段内锁定哪个电视频道，可以是指战争的胜利、获得荣誉、赢得比赛。但是有一点，必须是决策主体在意的东西才能称为利益。比如说，夫妻二人看电视，丈夫要看体育频道的球赛，而妻子看什么无所谓，她只想享受陪爱人一起看电视的过程。这样的话，就不存在利益之争，两人之间也就不存在博弈。

再比如，《红楼梦》曾经写到一群人陪同贾母打牌，其中有王熙凤，结果是凤姐输了钱，贾母赢了钱。在这场博弈中王熙凤是输家吗？如果把利益单纯看作金钱的话，她确实是输了。但是，王熙凤陪贾母打牌不是为了赢钱，而是为了哄贾母高兴。贾母赢了钱，非常高兴，因此王熙凤便达到了自己的目的。所以这场博弈中，王熙凤不是输家。

（3）策略。在博弈中，决策主体根据获得的信息和自己的判断，制定出一个行动方案，这个行动方案便是策略。通俗地讲，策略就是指决策主体做出的，用来解决问题的手段、计谋、计策。

从博弈论的定义中我们也可以看出，博弈论的关键在于制定一个能帮助本方获取最大利益的策略，也就是最优策略。由此可见，策略是博弈论的核心，关系着最后的胜败得失。博弈也可以看作是各方策略之间的较量。因此，有人把博弈论称为“对策论”。因研究博弈论而获得 2005 年诺贝尔经济学奖的罗伯特·约翰·奥曼就曾经说过：“博弈，不过就是双方或者多方之间的策略互动。”由此可见，无论是在赌博、下象棋中，还是在田忌赛马或者两军对垒的时候，决定输赢的关键是谁能做出一个更好的决策。

《三国演义》是一本充满智慧和谋略的小说，它给我们奉献了很多经典的故事。其中第五十回“诸葛亮智算华容　关云长义释曹操”的故事大家都很熟悉。这个故事说的是赤壁大战中曹军溃败，曹操带着几个残兵败将落荒而逃。当时有大道、小道两条路可选，略懂计谋的人都会认为小道是安全的，但是曹操生性多疑，他会选择走大道，因为最危险的地方便是最安全的地方。曹操知道诸葛亮机智多谋，定会识破自己，所以最后还是选择了走小道。没想到，诸葛亮早就识破了曹操的策略，派关羽把守华容道，等待曹操送上门来。这场博弈中，曹操与诸葛亮根据对方的性格，制定出了各自的策略。最终诸葛亮技高一筹。

在接下来曹操与关羽的博弈中，曹操利用自己当年有恩于他的情义，并抓住关羽为人仁义的性格，最终成功逃脱。曹操在策略上败给了诸葛亮，却赢了关羽。

这个故事充分体现了博弈中策略的互动，曹操不仅要自己制定策略，还要考虑诸葛亮是如何想的，如果诸葛亮知道自己是这样想的，自己就偏不这样做。这就跟下棋一样，你出棋的时候会考虑自己走完这一步之后，对方会走哪一步，他走那一步的话，自己再走哪一步。这样就形成了策略的互动。你的策略会影响对方的策略，对方的策略反过来又会影响你的策略。

此外，策略必须有选择性，只有一种选择那就不是策略了。假如曹操面前只有一条路可走，并且诸葛亮已经派关羽把守，那就不存在曹操同诸葛亮之间的博弈了。只存在曹操同关羽之间的博弈。如果一个犯人被抓，但是他的同伙没有落网，这时他有"供出同伙"和"不供出同伙"两种选择，同时他也有两种策略：供出同伙可以少判几年，但是出狱后有被同伙报复的危险；不供出同伙的话，就得多坐几年牢。如果当时他是一个人作案，没有同伙，并且证据确凿，无论他招认还是不招认，都将被判刑。这时候他就没有选择，没有选择也就没有策略，只得乖乖接受判罚。

（4）信息。上面已经讲过，利益是博弈的目的，策略是获得利益的手段，而信息就是制定策略的依据。要想制定出战胜对方的策略，就得获得全面的信息，对对方有更多的了解。两千多年前的《孙子兵法》中就说"知彼知己，百战不殆"。比如前面提到的例子中，如果丈夫得知妻子最近对一个新款皮包很感兴趣，他可以提出为妻子买这样一款皮包来讨好妻子，既不伤感情，又能让妻子主动放弃跟自己争频道。在这里，知道妻子最近喜欢的一款包，便是博弈中的信息。

现在无论是商场还是战场，都可以说是在打一场信息战。商业中好多企业都有自己的商业机密，还有一大批专门从事窃取其他企业机密的商业间谍；战场上，作战之前双方都会派出侦察员，侦察敌方信息。现代化战争中，侦察卫星、侦察飞机，一系列高科技设备被用在侦察敌方情报上。这都可以看出信息对于博弈双方的重要性，只有掌握了准确、全面的信息，才能作出准确的判断。

信息在博弈中占有如此重要的地位，能左右博弈双方的输赢，因此，信息也成了一种作战手段。在中国家喻户晓的故事“空城计”中，诸葛亮便传递出了城中藏有大量埋伏的假信息，司马懿误以为真，被诸葛亮吓退。传递错误信息迷惑对方，声东击西，已经成了商业战争和军事战争经常用的一种战术。

既然信息有真假，甄别信息真假便显得格外重要。除了甄别真假，还应该学会从看似平常的事务中识别信息。有一个流传很广的故事，当年美国西部发现了金矿，很多人都蜂拥而至，进行淘金。一个小伙子发现，真正能淘到金子的人没有几个，但是卖水不失为一个好买卖。于是他便引水至此，做起了卖水的生意。很多人嘲笑他不去淘金，做这种只有蝇头小利的生意。实践证明他是对的，大多数人最终空手离开，他却很快赚到了人生的第一桶金。这其中的关键便是他识别出了一条信息：不一定每一个人都能淘到金子，但是每一个人肯定要喝水。关于信息的更多知识，我们在后面还会详细讲到。

以上便是博弈的 4 个要素，最后让我们回到开头的例子中。丈夫和妻子关于电视频道之争的博弈有什么结局呢？我们知道结局不外乎 3 种：

一是双方争执不下，关掉电视谁也不看了；

二是一方选择退出，丈夫可以选择去做别的事情，或者妻子选择去做别的事情；

三是一方说服了另一方，妻子陪丈夫看球赛，或者丈夫陪妻子看连续剧。

第一种选择的结局是两败俱伤，第二种选择的结局是只有一方获利，第三种选择中双方总会有一方要牺牲掉一部分利益，但是利益总和将大于前两种选择。很明显，第三种选择是最好的选择，也是这场博弈中的最优策略。

第三节　最坏的一种结果：两败俱伤

两败俱伤是博弈中最坏的一种结果，每一位参与者的收益都小于损失，都没有占到便宜。有人可能想，理智的人是不会做出这种事情的，如果预见会是两败俱伤，那他们将不会参加这场博弈。但是事实上呢？人们经常置自己和对手于两败俱伤的困境中。

战争是典型的负和博弈，无论是“一战”“二战”，还是美军在阿富汗、伊拉克发起的战争，都是如此。

第二次世界大战是人类历史上规模最大的一场战争，前后长达 6 年，共有 61 个国家和地区被卷入了这场混战，涉及的人口有 20 亿以上，给世界人民带来了沉重的灾难。虽然这场战争中英勇的反法西斯人民取得了最后的胜利，但是战后的一些统计数据让我们明白，这是一场负和博弈。

“二战”中，军民伤亡人数达 1.9 亿，其中死亡 6000 万左右，受伤 1.3 亿左右。其中死亡的平民有 2730 万之多。盟军中苏联军队伤亡最为惨重，死亡 890 万人，中国军队死亡 148 万人，英国与美国各死亡 38 万人。同样，法西斯国家也伤亡惨重，德国军队伤亡人数达 1170 万，其中死亡人数超过 600 万，日本军队的伤亡人数也超过了 216 万。

再看一下美军在阿富汗和伊拉克发起的战争，据美国公布的军事报告显示，截止到 2009 年 3 月，美军在伊拉克死亡的军人已经达到4261人。而当地的伊拉克平民伤亡人数将近10万。在阿富汗死亡的美军人数为673人，当地伤亡的平民数量将近1万。

战争中看似有一方是获胜者，其实结果是两败俱伤。“二战”中各国的伤亡人数和财产损失便是很好的证明。美军看似是阿富汗战争和伊拉克战争的胜利者，其实不然。战后的阿富汗非常混乱，人们为了生计不得不种植鸦片，这里也成了世界上最大的毒品生产基地，提供了世界上90%以上的鸦片和海洛因。再看一下伊拉克，虽然推倒了萨达姆的政权，但是激增的军费开支和不断攀升的伤亡人数使得美国深陷战争泥潭，难以自拔。

战争是世界上的头号杀手，表面上看战争有胜利的一方，但胜利者并不是获益的一方，胜利者和失败者一样是损失的一方。因此我们要热爱和平，警惕战争。

负和博弈不仅仅体现在战争中，人际交往的时候处理不当，也会陷入负和博弈之中。

在印度流传着这样一个故事，北印度有一位木匠，技艺高超，绝活是雕刻各种人的模型。尤其是他雕刻的侍女，栩栩如生，不仅长得漂亮，还会行走。外人根本分不清真假。在南印度有一位画家，画技高超，最擅长的便是画人物。

有一天，北印度的木匠请南印度的画家来家中做客。吃饭的时候，木匠让自己制作的木人侍女出来侍奉画家，端菜端饭，斟茶倒酒，无微不至。画家不知道这是个木人，他见这位侍女相貌俊俏，侍奉周到，便想与她搭腔。木人不会说话，画家还以为她是在害羞。木匠看到了这一幕，便心生一计，想捉弄一下画家。

晚饭过后，木匠留画家在家过夜，并安排侍女夜里伺候画家。画家非常高兴，他等木匠走后便细细观察这位侍女。灯光下，侍女越发好看，但是画家怎么与她说话她都不回声，最后画家着急了便伸手去拉她。这才发现，侍女原来是个木人，顿感羞愧万分，原来自己上了木匠的当。画家越想越生气，决定要报复木匠。于是，他在墙上画了一幅自己的全身像，画中的自己披头散发，脖子上还有一根通向房顶的绳子，看上去像是上吊的样子。画好之后，他便躲到了床底。

第二天，木匠见画家迟迟不起床，便去敲门。敲了一会儿也不见画家回应，便从门缝中往里看，隐隐约约看到画家上吊了。木匠吓坏了，赶紧撞开门去解画家脖子上的绳子，等他摸到绳子之后才发现是一幅画。画家这个时候从床底下钻出来，对着木匠哈哈大笑。木匠十分气愤，认为画家这个玩笑开得太大了。画家则责怪木匠昨晚羞辱自己。说着说着，两人便撕打起来。

这是一个典型的人际交往的负和博弈，原本两位应该惺惺相惜，把酒言欢，没想到最后的结局是两败俱伤。虽然这只是一个故事，但还是能给我们很多有益的启示。冲突的起源在于木匠用木人侍女戏弄画家，画家发现后又选择了报复。戏弄对方和报复对方是造成这场负和博弈的主要原因。

人是群居的高等动物，只要生活在这个世界上，就免不了同其他人交往，这种交往关系就是人际关系。由于每个人都有自己的追求，都有自己的利益，可能是物质方面的，也可能是精神方面的，因此交际中就免不了要发生冲突。冲突的结局跟博弈的结局一样，也有三种，或两败俱伤，或一方受益，或共赢。两败俱伤是最糟糕的一种情况，有过这种经历的人一般会选择反目成仇，互不往来。

曾经发生过这样的案例，两个人合伙做生意，一个有资金但是不善交际，另一个没有资金但是能说会道。两个人凑到一起之后，互相赏识，很快便决定开一家公司，有资金的出资金，没有资金的负责联络客户。

在两个人的努力之下，公司很快运转起来，并越发展越好。看到公司开始赢利，能说会道的那个人便想独自霸占公司，他把当初出资人出的注册资金还给出资人，并表示公司不再欠他的了，从此以后也不再与他有关系。出资人当然不愿意，告到了法院。到了法院出资人才知道，当初那个能说会道的人注册公司的时候写的是他一个人的名字。打官司没占到便宜，出资人一气之下把公司一把火烧了个干净。到头来，两个人谁也没有占到便宜。

这场负和博弈告诉我们，处理人际关系的时候，要做到“己所不欲，勿施于人”，不能自私自利，更不能见利忘义。

第四节 最理想的结局：双赢

正和博弈就是参与各方本着相互合作、公平公正、互惠互利的原则来分配利益，让每一个参与者都满意的博弈。

有一种鸟被称为鳄鱼鸟，它们专门从鳄鱼口中觅食。鳄鱼凶残无比，却允许一只小鸟到自己的牙缝中找肉吃，这是为什么呢？因为它们之间是相互合作的关系，鳄鱼为鳄鱼鸟提供食物，鳄鱼鸟除了能用自己的鸣叫报告危险情况以外，还能清理鳄鱼牙缝间的残肉，避免滋生细菌。所以它们能够和谐相处，成为好搭档。

博弈中发生冲突的时候，充分了解对方，取长补短，各取所需，往往会使双方走出负和博弈或者零和博弈，实现合作共赢。

看这样一个例子，一对双胞胎姐妹要分两个煮熟的鸡蛋，妈妈分她们每人一个。姐姐只喜欢吃蛋清，所以她只吃掉了蛋清，扔掉了蛋黄；相反，妹妹只喜欢吃蛋黄，便把蛋清扔掉了。这一幕被她们的爸爸看在眼里。下次分鸡蛋的时候，爸爸分给姐姐两个蛋清，分给妹妹两个蛋黄，这样既没有浪费，每个人又多吃到了自己喜欢的东西。

再看一个例子，有一对老年夫妻，丈夫是个哑巴，不会说话；妻子下半身残疾，不能走路。由于丈夫不会说话，所以出去买东西，与人打交道都不方便；而妻子由于不能走路，整天待在家中，非常苦闷。为了解决两位老人的烦恼，他们的儿女为他们

买了一辆三轮车。此后，丈夫出去的时候便带着妻子，买东西、与人交际的时候就让妻子说话；而妻子呢，也可以出去到处转转，不用老待在家中苦闷。一辆三轮车，解决了两个人的烦恼，同时又使两人取长补短。

合作共赢的模式在古代战争期间经常被小国家采用，他们自己无力抵抗强国，便联合其他与自己处境相似的国家，结成联盟。其中最典型的例子莫过于春秋战国时期的“合纵”策略。

春秋战国时期，各国之间连年征战，为了抵抗强大的秦国，苏秦凭借自己的三寸不烂之舌游说六国结盟，采取“合纵”策略。一荣俱荣，一损俱损。正是这个结盟使得强大的秦国不敢轻易出兵，换来了几十年的和平。

在此之前，六国在面临强敌的时候，总是想尽一切手段自保，六国之间偶尔也会发生征战。这个时候，秦国往往坐山观虎斗，坐收渔翁之利。自从六国结盟之后，六国间不再争斗，而是团结一心，共同对抗秦国。

眼看六国团结如铁，无法完成统一大业，秦国的张仪便游说六国，说服他们单独同秦国交好，以瓦解他们的结盟。六国中齐国与楚国是实力最强大的两个国家，张仪便从这两个国家开始。他先是拆散了齐国与楚国之间的结盟，又游说楚国同秦国交好。之后，张仪又用同样的手段拆散了其他国家之间的结盟，为秦国统一六国做好了前期准备。等秦国相继消灭了韩国、赵国、魏国的时候，其他国家因为结盟已经被拆散，不敢贸然出兵。最终他们也没能逃脱被灭亡的命运。

六国间的结盟便是一场正和博弈，博弈的参与各方都得到了自己想要的东西，即不用担心秦国的入侵。可惜的是，这场正和博弈最后变成了负和博弈。他们放弃了合作，纷纷与秦国交好，失去了作为一个整体与秦国对话的优势，导致最后灭亡。

从古代回到现代，中国与美国是世界上两个大国，我们从两国的经济结构和两国之间的贸易关系来谈一下竞争与合作。

中国经济近年来一直保持着高速增长。但是同美国相比，中国的产业结构调整还有很长的路要走。美国经济中，第三产业的贡献达到 GDP 总量的 75.3%，而中国只有 40%多一点。进出口方面，中国经济对进出口贸易的依赖比较大，进出口贸易额已经占到 GDP 总量的 66%。随着美国第三产业占经济总量比重的增长，进出口贸易对经济增长的影响逐渐减弱。美国是中国的第二大贸易伙伴，仅次于日本。由于中国现在的很多加工制造业都是劳动密集型产业，所以生产出的产品物美价廉，深受美国人民喜欢。这也是中国对美国贸易顺差不断增加的原因。

中国对进出口贸易过于依赖的缺点是需要看别人脸色，主动权不掌握在自己手中。2008 年的全球金融风暴中，中国沿海的制造业便受到重创，很多以出口为主的加工制造企业纷纷倒闭。同时对美国贸易顺差不断增加并不一定是件好事，顺差越多，美国就会制定越多的贸易壁垒，以保护本国的产业。

由此可见，中国首先应该改善本国的产业结构，加大第三产业占经济总量的比重，减少对进出口贸易的依赖，将主动权掌握在自己的手中。同时，根据全球经济一体化的必然趋势，清除贸易壁垒，互惠互利，不能只追求一时的高顺差，要注意可持续发展。也就是竞争的同时不要忘了合作，双赢是当今世界的共同追求。

20 世纪可以说是人类史上最复杂的一个世纪，爆发了两次世界大战，战后经济、科技飞速发展，全球一体化程度日益加深。同时也面临一些共同的问题，比如环境污染等。这一系列发展和问题让人们意识到，只有合作才是人类唯一的出路。双赢博弈也逐渐取代了零和博弈，通过合作实现共赢已经成为当今社会的共识。无论是在人际交往方面，还是企业与企业之间、国与国之间都是如此。

第二章
纳什均衡

第一节　纳什和纳什均衡

《美丽心灵》是一部非常经典的影片，它再现了伟大的数学天才约翰·纳什的传奇经历，影片本身以及背后的人物原型都深深地打动了人们。这部影片上映后接连获得了第59届金球奖的5项大奖，以及2002年第74届奥斯卡奖的4项大奖。纳什是一位数学天才，他提出的“纳什均衡”是博弈论的理论支柱。同时，他还是诺贝尔经济学奖获得者。但这并不是他的全部，只是他传奇人生中辉煌的一面。我们在讲述“纳什均衡”之前，先来了解这位天才的传奇人生。

纳什于1928年出生在美国西弗吉尼亚州。他的家庭条件非常优越，父亲是工程师，母亲是教师。纳什小时候性格孤僻，不愿意和同龄孩子一起玩耍，喜欢一个人在书中寻找快乐。当时纳什的数学成绩并不好，但还是展现出了一些天赋。比如，老师用一黑板公式才能证明的定理，纳什只需要几步便可完成，这也时常会让老师感到尴尬。

1948年，纳什同时被4所大学录取，其中包括普林斯顿、哈佛这样的名校，最终纳什选择了普林斯顿。当时的普林斯顿学术风气非常自由，云集了爱因斯坦、冯·诺依曼等一批世界级的大师，并且在数学研究领域一直独占鳌头，是世界的数学中心。纳什在普林斯顿如鱼得水，进步非常大。

1950年，纳什写出了论文“N人博弈中的均衡点”，当时年仅22岁。第二年他又发表了另一篇论文“非合作博弈”。这两篇论文不过是几十页纸，中间还掺杂着一些纳什画的图表。但就是这几十页纸，改变了博弈论的发展，甚至可以说改变了我们的生活。他将博弈论的研究范围从合作博弈扩展到非合作博弈，应用领域也从经济领域拓展到几乎各个领域。可以说“纳什均衡”之后的博弈论变成了一种在各行业各领域通用的工具。

发表博士论文的当年，纳什获得数学博士学位。1957年他同自己的女学生阿丽莎结婚，第二年获得了麻省理工学院的终身学位。此时的纳什意气风发，不到30岁便成了闻名遐迩的数学家。1958年，《财富》杂志做了一个评选，纳什被评选为当时数学家中最杰出的明星。

上帝喜欢与天才开玩笑，处于事业巅峰时期的纳什遭遇到了命运的无情打击，他得了一种叫作“妄想型精神分裂症”的疾病。这种精神分裂症伴随了他的一生，他常常看到一些虚幻的人物，并且开始衣着怪异，上课时会说一些毫无意义的话，在黑板上乱写乱画一些谁都不懂的内容。这使得他无法正常授课，只得辞去了麻省理工大学教授的职位。

辞职后的纳什病情更加严重，他开始给政治人物写一些奇怪的信，并总是幻觉自己身边有许多苏联间谍，而他被安排发掘出这些间谍的情报。精神和思维的分裂已经让这个曾经的天才变成了一个疯子。

他的妻子阿丽莎曾经深深被他的才华折服，但是当时面对着精神日益暴躁和精神分裂的丈夫，为了保护孩子不受伤害，她不得不选择同他离婚。不过，他们的感情并没有就此结束，她一直在帮他恢复。1970 年，纳什的母亲去世，他的姐姐也无力抚养他，当纳什面临着露宿街头的困境时，阿丽莎接收了他，他们又住到了一起。阿丽莎不但在生活中细致入微地照顾纳什，还特意把家迁到僻静的普林斯顿，远离大城市的喧嚣，她希望曾经见证纳什辉煌的普林斯顿大学能重新唤起纳什的才情。

妻子坚定的信念和不曾动摇过的爱深深地感动了纳什，他下定决心与病魔做斗争。最终在妻子的照顾和朋友的关怀下，20 世纪 80 年代纳什的病情奇迹般地好转，并最终康复。至此，他不但可以与人沟通，还可以继续从事自己喜欢的数学研究。在这场与病魔的斗争中，他的妻子阿丽莎起了关键作用。

走出阴影后的纳什成为 1985 年诺贝尔经济学奖的候选人，依据是他在博弈论方面的研究对经济的影响。但是最终他并没有获奖，原因有几个方面，一方面当时博弈论的影响和贡献还没有被人们充分认识；另一方面瑞典皇家学院对刚刚病愈的纳什还不放心，毕竟他患精神分裂症已经将近 30 年了，诺贝尔奖获得者通常要在颁奖典礼上进行一次演说，人们担心纳什的心智还没有完全康复。

等到了 1994 年，博弈论在各领域取得的成就有目共睹，机会又一次靠近了纳什。但是此时的纳什没有头衔，瑞典皇家学院无法将他提名。这时纳什的老同学、普林斯顿大学的数理经济学家库恩出马，他先是向诺贝尔奖评选委员会表明，纳什获得诺贝尔奖是当之无愧的，如果以身体健康为理由将他排除在诺贝尔奖之外的话，那将是非常糟糕的一个决定。同时，库恩从普林斯顿大学数学系为纳什争取了一个“访问研究合作者”的身份。这些努力没有白费，最终纳什站在了诺贝尔经济学奖高高的领奖台上。

当年，同时获得诺贝尔经济学奖的还有美国经济学家约翰·海萨尼和德国波恩大学的莱茵哈德·泽尔腾教授。他们都是在博弈论领域做出过突出贡献的学者，这标志着博弈论得到了广泛的认可，已经成为经济学的一个重要组成部分。

经过几十年的发展，“纳什均衡”已经成为博弈论的核心，纳什甚至已经成了博弈论的代名词。看到今天博弈论蓬勃地发展，真的不敢想象没有约翰·纳什博弈论的世界会是什么样子。

第二节 解放博弈论

我们一直在说纳什在博弈论发展中所占的重要地位，但是感性的描述是没有力量的，下面我们将从博弈论的研究和应用范围具体谈一下纳什的贡献，看一下“纳什均衡”到底在博弈论中占有什么地位。

前面我们已经介绍过了，博弈论是由美籍匈牙利数学家冯·诺依曼创立的。创立之初，博弈论的研究和应用范围非常狭窄，仅仅是一个理论。1944 年，随着《博弈论与经济行为》的发表，博弈论开始被应用到经济学领域，现代博弈论的系统理论开始逐步形成。

直到 1950 年纳什创立“纳什均衡”以前，博弈论的研究范围仅限于二人零和博弈。我们前面介绍过博弈论的分类，按照博弈参与人数的多少，可以分为两人博弈和多人博弈；按照博弈的结果可以分为正和博弈、零和博弈和负和博弈；按照博弈双方或者多方之间是否存在一个对各方都有约束力的协议，可以分为合作博弈和非合作博弈。

纳什之前博弈论的研究范围仅限于二人零和博弈，也就是参与者只有两方，并且两人之间有胜有负，总获利为零的那种博弈。例如，两个人打羽毛球，参与者只有两人，而且必须有胜负，胜者赢的分数恰好是另一方输的分数。

两人零和博弈是游戏和赌博中最常见的模式，博弈论最早便是研究赌博和游戏的理论。生活中的二人零和博弈没有游戏和体育比赛那么简单，虽然是一输一赢，但是这个输赢的范围还是可以计算和控制的。冯·诺依曼通过线性运算计算出每一方可以获取利益的最大值和最小值，也就是博弈中损失和赢利的范围。计算出的利益最大值便是博弈中我们最希望看到的结果，而最小值便是我们最不愿意看到的结果。这比较符合一些人做事的思想，那就是“抱最好的希望，做最坏的打算”。

二人零和博弈的研究虽然在当时非常先进和前卫，但是作为一个理论来说，它的覆盖面太小。这种博弈模式的局限性显而易见，它只能研究有两人参与的博弈，而现实中的博弈常常是多方参与，并且现实情况错综复杂，博弈的结局不止有一方获利另一方损失这一种，也会出现双方都赢利，或者双方都没有占到便宜的情况。这些情况都不在冯·诺依曼当时的研究范围内。

这一切随着“纳什均衡”的提出全被打破了。1950 年，纳什写出了论文“N 人博弈中的均衡点”，其中便提到了“纳什均衡”的概念以及解法。当时纳什带着自己的观点去见博弈论的创始人冯·诺依曼，遭到了冷遇，之前他还遭受过爱因斯坦的冷遇。但是这并不能影响“纳什均衡”带给人们的轰动。

从纳什的论文题目“N 人博弈中的均衡点”中可以看出，纳什主要研究的是多人参与，非零和的博弈问题。这些问题在他之前没人进行研究，或者说没人能找到对于各方来说都合适的均衡点。就像找出两条线的交汇点很容易，如果有的话；但是找出几条线的共同交汇点则非常困难。找到多方之间的均衡点是这个问题的关键，找不到这个均衡点，这个问题的研究便会变得没有意义，更谈不上对实践活动有什么指导作用。而纳什的伟大之处便是提出了解决这个难题的办法，这把钥匙便是“纳什均衡”，它将博弈论的研究范围从“小胡同”里引到了广阔天地中，为占博弈情况大多数的多人非零和博弈找到意义。

纳什的论文“N人博弈中的均衡点”就像惊雷一样震撼了人们，他将一种看似不可能的事情变成了现实，那就是证明了非合作多人博弈中也有均衡，并给出了这种均衡的解法。“纳什均衡”的提出，彻底改变了人们以往对竞争、市场及博弈论的看法，它让人们明白了市场竞争中的均衡同博弈均衡的关系。

“纳什均衡”的提出奠定了非合作博弈论发展的基础，此后博弈论的发展主要便是沿着这条线进行。此后很长一段时间内，博弈论领域的主要成就都是对“纳什均衡”的解读或者延伸。甚至有人开玩笑说，如果每个人引用“纳什均衡”一次需要付给纳什 1 美元的话，他早就成为最富有的人了。

不仅是在非合作博弈领域，在合作博弈领域纳什也有突出的贡献。合作型博弈是冯・诺依曼在《博弈论与经济模型》一书中建立起来的，非合作型博弈的关键是如何争取最大利益，而合作型博弈的关键是如何分配利益，其中分配利益过程中的相互协商是非常重要的，也就是双方之间你来我往的“讨价还价”。但是冯・诺依曼并没有给出这种“讨价还价”的解法，或者说没有找到这个问题的解法。纳什对这个问题进行了研究，并提出了“利益分配”问题的解法，他还进一步扩大范围，将合作型博弈看作某种意义上的非合作性博弈，因为利益分配中的讨价还价归根结底还是为自己争取最大利益。

除此之外，纳什还研究博弈论的行为实验，他曾经提出，简单的“囚徒困境”是一个单步策略，若是让参与者反复进行实验，就会变成一个多步策略。单步策略中，囚徒双方不会串供，但是在多步策略模式中，就有可能发生串供。这种预见性后来得到了验证，重复博弈模型在政治和经济上都发挥了重要作用。

纳什在博弈论上做出的贡献对现实的影响得到越来越多的体现。20 世纪 90 年代，美国政府和新西兰政府几乎在同一时间各自举行了一场拍卖会。美国政府请经济学家和博弈论专家对这场拍卖会进行了分析和设计，参照因素就是让政府获得更多的利益，同时让商家获得最大的利用率和效益，在政府和商家之间找到一个平衡点。最终的结局是皆大欢喜，拍卖会十分成功，政府获得巨额收益，同时各商家也各取所需。而新西兰举行的那场拍卖会却是非常惨淡，关键原因是在机制设计上出现了问题，最终大家都去追捧热门商品，导致最后拍出的价格远远高于其本身的价值；而一些商品则无人问津，甚至有的商品只有一个人参与竞拍，以非常低的成交价就拍走了。

正是因为对现实影响的日益体现，所以 1994 年的诺贝尔经济学奖授予了包括纳什在内的三位博弈论专家。

我们最后总结一下纳什在博弈论中的地位，中国有句话叫“天不生仲尼，万古长如夜”。意思是老天不把孔子派到人间，人们就像永远生活在黑夜里一样。我们如果这样说纳什同博弈论的关系的话，就会显得夸张，但是纳什对博弈论的开拓性发展是任何人都无可比拟的，在他之前的博弈论就像一条逼仄的胡同，而纳什则推倒了胡同两边的墙，把人们的视野拓展到无边的天际。

第三节　该不该表白：博弈中的均衡

我们一直在提“均衡”，在讲“纳什均衡”之前，我们需要了解一下什么是均衡。均衡在英文中为equilibrium，是来自经济学中的一个概念。均衡也就是平衡的意思，在经济学中是指相关因素处在一种稳定的关系中，相关因素的量都是稳定值。举例说，市场上有人买东西，有人卖东西，商家和顾客之间是买卖关系，经过一番讨价还价，最终将商品的价格定在了一个数值上。这个价格既是顾客满意的，也是商家可以接受的，这个时候我们就说商家和客户之间达成了一种均衡。均衡是经济学中一个非常重要的概念，可以说是所有经济行为追求的共同目的。

让我们看一下下面这个例子，共同分析一下博弈中的均衡。

男孩甲与女孩乙青梅竹马，对彼此都有好感，但是这份感情一直埋在各自心中，谁也没有跟对方表白过。这些年，不断有其他男孩跟女孩乙表白心意，但是都被女孩乙拒绝了，人家问她理由，她只是说自己心中已经有了人，他总有一天会向自己表白的。

同样，这些年男孩甲也碰到了不少向他表达爱意的女孩，他同样拒绝了她们，他说自己心里已经有了一个女孩，她会明白自己的心意的。

又过了几年，女孩乙迟迟不见男孩甲表白，有点心灰意冷，她决定试探一下他。这天她对男孩甲说：“我决定到另外一个城市去工作。”

女孩乙希望男孩甲能挽留她，或者向她表白。但是没有，男孩甲心里只有失落，他想难道你不明白我的心意吗？最终他也没有说出口，只是祝对方幸福。女孩乙一气之下真的去了另一个城市。

一年之后，女孩乙回来了，她见到男孩甲身边已经有了女朋友。原来男孩甲在经历了一段失落之后，又重新振作，找了一个女朋友。现在，男孩甲才明白当初女孩乙只是在试探自己，不过一切都已经晚了。

这是一个让人很失望的故事，原本应该在一起的两个人，最终却落得了这样的结局。我们来分析一下其中的原因，最直接的原因是两个人中没人愿意表白，怕被对方拒绝，都希望另一方先表白。我们假设，两人走到一块儿之后，每人得到的利益为 10，假设什么也得不到利益为 0，便可以得到以下矩阵图：

		女孩乙	
		表白	不表白
男孩甲	表白	（10，10）	（X，X）
	不表白	（X，X）	（0，0）

图中，双方同时表白，可以得到皆大欢喜的结果（10，10），若是都不表白，双方只能是一无所获（0，0）。若是只有一方表白，由于男孩和女孩都怕被对方拒绝，不知道结果会如何，所以

我们用（X，X）表示。

由此可见，这场博弈有两个均衡，要么同时表白，皆大欢喜，这几乎是不可能的；要么都不表白，各自忍受。这其中，双方同时表白几乎是不可能的，因为不知道表白之后会有什么样的结局，所以单方表白也不会被选择，最后只能选择沉默，双方都不表白。在这里，表白后可能会成功，也可能会失去；而不表白则至少不会失去什么，所以不表白相对来说是最好的选择。

上面是我们以主人公的身份进行的分析，现在我们作为第三人，知道双方心中都给对方留了位置，其实不需要双方同时表白，只需要一方表白，便会得到皆大欢喜的结局。这样的话，上面的矩阵图就要变一下了：

		女孩乙	
		表白	不表白
男孩甲	表白	（10，10）	（10，10）
	不表白	（10，10）	（0，0）

这样再来看的话，也是有两个均衡，不过此时要想皆大欢喜不再需要双方同时表白，只需一人表白即可。这时，最好的选择已经不是双方都保持沉默，而是任何一方大胆地说出自己的爱。

有的博弈中只有一个均衡，有的博弈中有多个均衡，还有的博弈中的均衡之间是可以相互转换的。当双方之间连续博弈，也就是所谓的重复性博弈的时候，博弈之间的均衡便会发生转换。

我们看一下下面这个例子。

一对夫妻正在屋子里休息，突然听到有人来敲门，原来是邻居想要借一下锤子用，丈夫非常不情愿地借给了他。原来，这个邻居隔三岔五地来借东西，借了往往不主动归还，当你去要回的时候，他便装出一副很抱歉的样子说自己把这件事忘了。这让这对夫妻非常厌恶这个邻居，但是他们又没有什么像样的理由来拒绝他。

第二天这个邻居又来借锯，丈夫一想，我得想个办法治一下他这个坏毛病。于是便说："真是太巧了，我们下午要用锯去修剪树枝，十分抱歉。"

"你们两个都要去吗？"这位邻居显得非常沮丧。

"是的，我们两个都要去。"丈夫又说。

"那太好了！"这位邻居脸上立刻多云转晴，并说道，"你们去修剪树枝，肯定就不打球了，那能不能把你们家的高尔夫球杆借我用一下？"

通过这两个例子我们已经明白了什么是均衡和博弈均衡，均衡就是一种稳定，而博弈均衡就是博弈参与者之间的一种博弈结果的稳定。关于均衡讲了这么多，下面就来讲本章的主题："纳什均衡"。

第四节　身边的“纳什均衡”

我们来看几个“纳什均衡”在现实中应用的实例。

商场之间的价格战近些年屡见不鲜，尤其是家电之间的价格大战，无论是冰箱、空调，还是彩电、微波炉，一波未息一波又起，这其中最高兴的就要数消费者了。我们仔细分析一下就可以发现，商场每一次价格战的模式都是一样的，其中都包含着“纳什均衡”。

我们假设某市有甲、乙两家商场，国庆假期将至，正是家电销售的旺季，甲商场决定采取降价手段促销。降价之前，两家的利益均等，假设是（10，10）。甲商场想，我若是降价，虽然单位利润会变小，但是销量肯定会增加，最终仍会增加效益，假设增加为14。而对方的一部分消费者被吸引到了我这边，利润会下降为6。若同时降价的话，两家的销量是不变的，但是单位利润的下降会导致总利润的下降，结果为（8，8）。两个商场降价与否的最终结局如图所示：

		商场乙	
		降价	不降价
商场甲	降价	（8，8）	（14，6）
	不降价	（6，14）	（10，10）

从图中可看出，两个商场在价格大战博弈中有两个“纳什均衡”：同时降价、同时不降价，也就是（8，8）和（10，10）。这其中，（10，10）的均衡是好均衡。按理说，其中任何一方没有理由在对方降价之前决定降价，那这里为什么会出现价格大战呢？我们来分析一下。

选择降价之后的甲商场有两种结果：（8，8）和（14，6）。后者是甲商场的优势策略，可以得到高于降价前的利润，即使得不到这种结果，最坏的结果也不过是前者，即（8，8），自己没占便宜，但是也没让对手占便宜。

而乙商场在甲商场做出降价策略之后，自己降价与否将会得到两种结果：（8，8）和（6，14）。降价之后虽然利润比之前的10有所减少，但是比不降价的6要多，所以乙也只好选择降价。最终双方博弈的结果停留在（8，8）上。

其实最终博弈的结果是双方都能提前预料到的，那他们为什么还要进行价格战呢？这是由于多年价格大战已经形成了恶性竞争的传统。往年都要进行价格大战，所以到了今年，他们知道自己不降价也得被对方逼得降价，总之早晚得降，所以晚降不如早降，不致落于人后。

降价是消费者愿意看到的，但是从商场的角度来看则是一种损失，如果是特别恶性的价格战的话，甚至会出现连续几轮的降价，那样损失就更惨了。如果理性的话，双方都不降价，得到（10，10）的结果对双方来说是最好的。如果双方不但不降价，反而同时涨价的话，将会得到更大的利润。不过这样做属于垄断行为，是不被允许的。

看完了商场价格战中的“纳什均衡”之后，再来看一下污染博弈中的“纳什均衡”。

随着经济的发展，环境污染逐渐成为一个大问题。一些污染企业为了降低生产成本，并没有安装污水处理设备。站在污染企业的角度来看，其他企业不增加污水处理设备，自己也不会增加。这个时候他们之间是一种均衡，我们假设某市有甲、乙两家造纸厂，没有安装污水处理设备时，利润均为10，污水处理设备的成本为2，这样我们就可以看一下双方在是否安装污水处理设备上的博弈结果：

		乙	
		安装	不安装
甲	安装	（8，8）	（8，10）
	不安装	（10，8）	（10，10）

可以发现，如果站在企业的角度来看的话，最好的情况就是两方都不安装污水处理设备，但是站在保护环境的角度来看的话，这是最坏的一种情况。也就是说，（10，10）的结果对于企业利益来说是一种好的“纳什均衡”，对于环境保护来说是一种坏的“纳什均衡”；同样，双方都安装污水处理设备的结果（8，8）对于企业利益来说，是一种坏的均衡，对于环境保护来说则是一种好的均衡。

如果没有政府监督机制的话，（8，8）的结果是很难达到的，（8，10）的结果也很难达到，最有可能的便是（10，10）的结果。这是“纳什均衡”给我们的一个选择，如果选择经济发展为重的话，（10，10）是最好的；如果选择环境第一的话，（8，8）是最好的。发达国家的发展初期往往是先污染后治理，便是先选择（10，10），后选择（8，8）。现在很多发展中国家也在走这条老路，中国便是其中之一。近年来，人们切实感受到了环境污染带来的后果，环境保护的意识大大提高，所以政府加强了污染监督管理机制，用强制手段达到一种环境与利益之间的均衡。

我们时常会发现自己的电子邮箱中收到一些垃圾邮件，大部分人的做法是看也不看直接删除。或许你不知道，这些令人厌恶的垃圾邮件中也包含着一种“纳什均衡”。

垃圾邮件的成本极低，我们假设发1万条只需要1元钱，而公司的产品最低消费额为100元。这样算的话，发100万条垃圾邮件需要的成本是100元，而这100万个收到邮件的人中只要有一个人相信了邮件中的内容，并成为其客户，公司就不算亏本。如果有两个人订购了其产品，公司就会赢利。这是典型的人海战术。现实情况是，总有那么一小部分人会通过垃圾邮件的介绍，成为某公司的消费者。

很多人觉得垃圾邮件不会有人去看，也有商家觉得这是一种非常傻的销售手段，从几百万人中发掘几个或者十几个客户，实在不值得去做。但是，只要发掘出两个客户，公司就有赢利，再说这种销售手段非常简便，省时省力，几乎不用什么成本。所以，只要有一家企业借此赢利，其他没有发送垃圾邮件的企业便会后悔，立即加入垃圾邮件发送战中。我们来看一下其中的均衡。

		乙企业	
		发送	不发送
甲企业	发送	（1，1）	（1，0）
	不发送	（0，1）	（0，0）

通过这个图，我们可以看出垃圾邮件是如何发展到今天这一步的。在最开始没有这种销售手段的时候，商家之间在这一方面是均衡的，即（0，0）。后来，有的商家率先启用垃圾邮件销售方式，此时采用邮件销售与不采用邮件销售的企业之间的利益关系对比成了（1，0）。最后，没有采用的企业发现里面有利可图，于是跟进，便达成了现在的“纳什均衡”——（1，1）。

第三章
囚徒博弈

第一节　如何争取到最低价格

当前，博弈论虽然被广泛应用，但主要还是体现在经济领域。当面对多个对手的时候，“囚徒困境”便是一个非常好的策略。“囚徒困境”会将对手置于一场博弈中，而你则可以坐收渔翁之利。本节主要通过一个“同几家供货商博弈争取最低进价”的案例，来说明一下“囚徒困境”在商战中的应用。

假设你是一家手机生产企业的负责人，产品所需要的大部分零配件需要购买，而不是自己生产。现在某一种零件主要由两家供货商供货，企业每周需要从他们那里各购进 1 万个零件，进价同为每个 10 元。这些零件的生产成本极低，在这个例子中我们将其忽略不计。同时，你的企业是这两位供货商的主要客户，它们所产的零部件大部分供给你公司使用。

这样算来，两个供货商每人每周从你身上得到 10 万元的利润。你觉得这种零件的进价过高，希望对方能够降价。这时采用什么手段呢？谈判？因为你们之间的供需是平衡的，所以谈判基本上不会起效，没人愿意主动让利。这个时候你可以设计一种“囚徒困境”，让对方（两家企业）陷入其中，相互博弈，来一场价格战，最终就可能得到你想要的结果。

“囚徒困境”中要有一定的赏罚，就像两个犯人的故事中，为了鼓励他们坦白，会允诺若是一方坦白，对方没有坦白，就将当庭释放坦白一方。正是因为有赏罚，才会令双方博弈。在这里，也要设计一种赏罚机制，使得两位供货方开始厮杀。

每家企业每周从你身上获利 10 万元，你的奖励机制是如果哪家企业选择降价，便将所有订单都给这一家企业，使得这一家企业每周的利润高于先前的 10 万元。这样两家企业便会展开一场博弈。我们假设，你的企业经过预算之后，给出了每个零件 7 元的价格，如果一方选择降价，便将所有订单给降价一方，他每周的利润则会达到 14 万元，高于之前的 10 万元，但是不降价的一方利润将为 0，若是双方同时降价，两家的周利润则将都变为 7 万元。下面便是这场博弈情形的一张矩阵图：

		乙供货商	
		降价	不降价
甲供货商	降价	（7，7）	（14，0）
	不降价	（0，14）	（10，10）

从这张图中我们可以看出，如果选择降价，周利润可能会降到 7 万元，如果运气好的话还有可能升至 14 万元；但是如果选

择不降价，周利润可能维持在原有的 10 万元水平上，也有可能利润为 0。没有人能保证对方不降价，即使双方达成了协议，也不能保证对方不会暗地里降价。因为商家之间达成的价格协议是违反反托拉斯法，不受法律保护的；再则，商人逐利，每一个人都想得到 14 万元的周利润。这也是“囚徒困境”中设立奖励机制的原因所在。经过分析来看，如果对方选择不降价，你就应该选择降价；如果对方选择降价，你更应该选择降价。对于每一家企业来说，选择降价都是一种优势策略。两家企业都选择这一策略的结果便是（7，7），每家企业的周利润降至 7 万元，你的采购成本一下子降低了 30%。

上面分析的模型是现实情况的一个抽象表达，只能说明基本道理，但是实际情况远比这里要复杂得多。在“囚徒困境”的模式中，每一位罪犯只有一次选择的机会，这也叫一次性博弈；但是在这里，采购企业和供货商之间并非一次性博弈，不可能只打一次交道，这种多次博弈被称为重复性博弈。重复性博弈是我们在后面要讲的一个类型的博弈，在这里我们可以稍做了解。重复性博弈的特点便是博弈参与者在博弈后期会做出策略调整。就本案例来说，两家供货商第一次博弈的结局是（7，7），也就是每一家的周利润从 10 万元变为了 7 万元。如果时间一长，两家企业便可能会不满，他们重新审视降价与不降价可能产生的 4 种结果以后，肯定会要求涨价，以重新达到（10，10）的水平。因为每月供货数量没变，利润被凭空减少了 30%，哪个企业都不会甘心接受。

如果这场博弈会无限重复下去的话，（7，7）将不会是这场博弈的结局，因为这样两家企业都不满意；（14，0）和（0，14）也基本不可能出现，如果两位供货商都是理性人的话；最终结局还将会定格在（10，10）上。好比“囚徒困境”中，如果警方给两个罪犯无数个选择的机会，最终他们肯定会选择都不坦白，进而出现每人各坐1年牢的结局，这样“囚徒困境”将会失效。

重复博弈中如果有时间限制，将无限重复变为有限重复，则“囚徒困境”依然有效。因为过期不候，假设采购方对两家供货方发出最后通告，若是一定时间内双方都不选择降价，公司将赴外地采购，不再采购这两家企业的零件。这个时候，“囚徒困境”将重新发挥效益，两家企业最终依然会选择降价。

声称不再采购两家企业的产品略微有点偏激，因为企业做决策要留出一定的弹性空间，也就是给自己留条后路，不能把话说绝，把路堵死。这样的话，除了定下最后期限这一招之外还有一招：在第一次博弈结束，得到了（7，7）的结局之后，迅速与双方签订长期供货协议，不给他们重新选择的机会。

此外，还可以用“囚徒困境”之外的其他方法来处理这个问题，虽然手段不一样，但是基本思路一样，就是让两家供货商相互博弈，然后“坐山观虎斗”，坐收渔人之利。

如果两家企业都选择不降价，坚持每个零件10元的价格，那么采购商可以选择将全部的订单都交到其中一家企业手中。这样一来，没有接到订单的一家企业就会怀疑，是不是对方暗地里降价了？就算是接到全部订单的企业再怎么解释，也不会打消同行的疑惑。这个时候，两家供货商之间便展开了博弈。没有接到订货单的一方无论对手降价与否，现在唯一的选择便是降价，因为降价或许会争取来一部分订单，不降价则什么也得不到。一旦一方降价，另一方的最优策略也是随之降价，不然市场份额就会被侵占。最终双方都选择降价，采购企业依然会得到自己想要的结果。

商家之间一般有一定的了解，如果你不按套路出牌，就会让他们感到困惑。对手之间没有信任，也无所谓背叛，因为他们知道一旦自己有一个好机会，也会选择不顾对方利益。无论是自己订单减少，还是对方订单增加，或者市场上出现价格下降，每一个商家都会怀疑是对方采取了策略，他们的第一反应便是跟着降价。

反而言之，如果我们是供货商，如何防止竞争对手私下降价，从自己手中抢客户和市场份额呢？可以尝试一下同所有采购商签订一个最惠客户协议，保证自己对所有客户统一定价、统一折扣。这样一来，就不会为了抢别人客户私自降价，因为一旦降价就必须针对所有采购商降价，若是被人发现私自降价，将会受到惩罚。如果每一家供应商都签订了这种最惠客户协议，自己降价与否就会被放大关注；同时，你也可以更容易地监督他人。这种协议表面上是对客户负责，提供统一价格，其实也是一种很有效的监督对手恶性降价的手段。

第二节 聪明不一定是件好事情

博弈论不仅是一门实用的学问，同时也是一种有趣的学问。原本人们希望通过博弈论来使自己变得更聪明、更理智，更有效地处理复杂的人际关系和事情，但就是这种能让人变聪明的学问却告诉大家：人有时候不能太聪明，否则往往会聪明反被聪明误。哈佛大学教授巴罗在研究“囚徒困境”模式的时候，提出了一个很有趣的模型，被称作“旅行者困境”，阐述的就是人是如何因为“聪明”而吃亏的。

这是一个非常接近我们现实生活的模式，假设有两位旅行者，我们分别叫她们海伦和莉莉。这两位旅行者之前互不相识，但巧的是她们去了同一个地方旅游，在当地买了同样的一个瓷器花瓶作为纪念，并且乘坐同一个航班返回。当飞机在机场降落之后，她们两人都发现自己的花瓶在运输途中被损坏了，便向航空公司提出索赔。由于花瓶不是在正规商场买的，所以没有发票，航空公司也就无法知道这两个花瓶的真实价格，但是估计不会超过 1000 元。航空公司怕两人漫天要价，最终有人想出了一个办法：将两个人分别带到不同的房间，让她们各自写下当初购买花瓶时花了多少钱，航空公司会按照其中最低的那个价格进行赔偿。同时，谁的价格低将会被认为是诚实的，额外给予 200 元的诚实奖励。

航空公司的想法很简单，既然两人是在同一个地方同时买了同样的东西，那么按理说两人购买的价格应该是相同的，如果有人说谎，那么写出来的价格低的一方应该是诚实的，或者说是相对诚实的，公司应该按照这个价格给予两人补偿。同时，价格低的一方将会得到 200 元的诚实奖励。这样算下来，会有 4 种情况：

第一种：双方都申报 1000 元，航空公司将支付 2000 元的赔偿金；

第二种：两人中有一人申报 1000 元，一人申报 1000 元以上，航空公司将支付 2200 元的补偿金；

第三种：两人中一人申报 1000 元，一人申报 1000 元以下，航空公司将支付小于 2200 元的补偿金；

第四种：两人都申报 1000 元以下，且相同，航空公司将支付小于 2000 元的补偿金。

总而言之，航空公司最多会支出 2200 元的补偿金。

但是对于两位旅行者来说，事情就没有这么简单了。海伦和莉莉两人都清楚航空公司知道这样的花瓶顶多值 1000 元，事实也确实是这样，并且谁申报的价格低，谁就将会获得 200 元的奖励。

海伦会想，航空公司不知道具体价格，但是莉莉知道，既然最高价格定在了 1000 元，那么莉莉肯定会认为多报多得，她的报价最有可能在 900 元至 1000 元之间。如果我报 900 元以下，就可以拿到 200 元诚实奖，那我就报 899 吧，这样最后可以拿到 1099 元。

事情没有海伦想的那样简单，因为这时莉莉也想到了这些。她已经猜测出了海伦会这样想，谁也不想被别人利用和算计，所以决定将计就计，以牙还牙，申报 889 元，这样自己有可能拿到 1089 元。

海伦在申报之前，再三斟酌，想莉莉肯定已经猜出了我是怎样想的，她会申报一个更低的价格，干脆一不做二不休，来就来个狠的，直接申报 879 元。虽然这个价格已经低于自己当初买花瓶时花的 888 元，但是再加上 200 元的诚实奖，自己就有可能拿到 1079 元，还是赚不少。

事情接下来的发展就像下棋一样，自己在出招之前总会想对方是怎样想的，然后又想到对方如果想到了我知道她是怎样想的会怎么样，这样两个人都在比谁会想得更远。随着想得越远，笔下申报的价格也越来越低，自己有可能得到的额外补偿也越来越低，最终两人都将报价定在了 689 元，因为这个价格再加上 200 元的奖励，就是 889 元，比自己当初花的钱还多 1 元。

两人都以为自己已经把事情做绝了，但是没想到对方也是如此。所以当航空公司的工作人员将两人申报的价格同时打开的时候，海伦和莉莉两人都有点蒙了，唯有航空公司暗中偷着乐。

最终的结果是，航空公司只支出了 1378 元的补偿款，远远低于最初预计的 2200 元的最高额。而海伦和莉莉两人则每人损失了 199 元。原本两人可以共同申报最高限额 1000 元，这样两人就能各赚 112 元，但是两人互相算计对方，结果聪明反被聪明误。

还有这样一个故事，清朝人乔世荣曾经担任七品县令，一天他在路上碰到了一老一少在吵架，并且有不少人在围观，他便过去了解情况。原来是年轻人丢了一个钱袋，被老者捡到，老者还给年轻人的时候，年轻人说里面的钱少了，原本里面有五十两银子，现在只剩下十两，于是便怀疑被老者私藏了；而老者则不承认，认为自己捡到的时候里面就只有十两银子，是年轻人想敲诈他。围观的人中有人说老者私藏了别人的银子，也有人说年轻人恩将仇报。最后乔世荣上前询问老者："你捡到钱袋之后可曾离开原地？"老者说没有，一直在原地等待失主回来寻找。围观的人中不少站出来为老者作证。这时候乔世荣哈哈大笑起来，说道："这样事情就明白了，你捡的钱袋中有十两银子，而这位年轻人丢失的钱袋中有五十两银子，那说明这个钱袋并非年轻人丢失的那个。"说到这，他转头朝年轻人说，"年轻人，这个钱袋很明显不是你的，你还是去别处找找

吧。”最终年轻人只能吃了这个哑巴亏，灰溜溜地走了；而这十两银子，被作为拾金不昧的奖励，奖给了捡钱的老者。这个故事告诉我们，有的人吃亏不是因为太傻，而是因为太精明。

无论是“旅行者困境”的故事，还是上面这个“聪明反被聪明误”的故事，我们都可以从中得到两点启示：一是人在为自己谋求私利的时候不要太精明，因为精明不等于聪明，也不等于高明，太过精明反而往往会坏事。我们在下棋的时候，顶多能想到对方三五步之后怎么走，几乎没有人会想到对方十几步甚至几十步之后会如何走。像“旅行者困境”故事中，每个人都想来想去，最终把自己的获利额降到了1元钱，结果弄巧成拙，太精明了反而没占到便宜。

故事给我们的第二个启示就是运用“理性”的时候要适当。理性的假设和理性的推断都没有错，但是如果不适当，过于理性，就会出现上面故事中的情况。有句话说：“天才和疯子只有一步之遥，过度地理性和犯傻也只有一步之遥。”一点也没有错，因为过度的理性不符合现实，谁也不能计算出对手会在几十步之后走哪一个棋子，如果你根据自以为是的理性计算出对手下面的每一步棋会如何走，并倒推到现在自己该走哪一步棋，结局肯定是错误的。所以，有时候我们要审视一下自己的“理性”究竟够不够理性。

第三节 给领导的启示

这一节我们来谈一下“囚徒困境”对领导有什么样的启示。启示主要有两方面，一是设置一个“囚徒困境”，将员工置入其中，促进员工之间相互竞争，提高工作效率，最终为企业争取更大的效益；第二个启示是领导在用人方面注意“用人不疑，疑人不用”，怀疑是合作最大的障碍。

某公司研发出了一种新产品，公司里面有 20 位推销员负责这种新产品的推销工作。现在公司领导面临着一个问题：如何考评每位推销员的业绩？由于这是一种新产品，没有以往的销售业绩做比较，推销出多少才算多呢？推销出多少才能说明这个员工非常勤奋、非常努力呢？

对于公司来说，最好的解决办法是在员工之间相互比较，相对业绩好的员工将被认为是勤奋努力的员工，对于这部分员工公司应该给予奖励；同时业绩相对不好的员工将会受到惩罚，或者淘汰。这时候，这种奖惩制度就会将员工置于一种“囚徒困境”之中。

我们假设张三和李四是公司的两名推销员，每周的工作时间都是由自己掌握，可以选择工作 5 天，也可以选择工作 4 天，但是效果是不一样的。我们假设一周工作 5 天能推销出 10 件产品，而一周工作 4 天只能推销出 8 件商品。这样我们就能得出两人一周工作情况的矩阵图：

		李四	
		工作四天	工作五天
张三	工作四天	（8，8）	（8，10）
	工作五天	（10，8）	（10，10）

我们假设公司不是根据业绩，而是根据工作时间来进行考评，并且没有设置奖惩机制。那么张三和李四肯定会选择集体偷懒，也就是都选择工作 4 天，因为只要工作时间差不多就会得到相同的评价，并且评价高的员工并没有什么奖励，谁也不会去选择工作 5 天。

公司如果根据业绩进行考评，并且业绩高的员工将会获得奖励，这样大家都会选择工作 5 天，（10，10）将会成为最有可能的结局。这个时候，就体现出“囚徒困境”的作用了，选择每周工作 5 天。即使拿不到奖励，也不致受到惩罚或者被淘汰，对于所有员工来说这都是最优策略。

我们再来看这样一种情况，假设到了月底公司领导发现每个推销员的业绩都是一样的，其中有人每周工作 4 天，有人每周工作 5 天。我们前面说过，公司最后是根据每个人的业绩来进行考评，而不是根据每个人的工作时间。公司制定的考评结果分优、中、差三种，那么面对相同的工作业绩该如何评定呢？是评定为优、中，还是差？三种似乎都说得过去，但是得到的结果是不同的。我们分别来看一下这三种情况：

第一种情况：评定为优，这样做的缺陷是工作时间短的人原本可以做得更好，但是他们认为自己每周只需要工作 4 天就能获得优的评价，因此就失去了上进心；

第二种情况：评定为差，这样做的缺陷是员工觉得每周工作 5 天和 4 天没什么区别，同样得到差的评价，这样便使得员工失去了工作的积极性；

第三种情况：评定为中，这个时候，每周工作 4 天的人会想，我如果每周工作 5 天的话，肯定会得到优，这样就能得到奖励；而每周工作 5 天的人也会想到这一点，就会付出更多的时间在工作上，以免被别人超越。

综上所述，第三种方案是最优策略。总之，公司针对员工应用“囚徒困境”的核心便是使员工之间相互竞争，提高工作效率。达到了这样的效果，公司效益也就随之而增。

“囚徒困境”给领导的第二个启示是“用人不疑，疑人不用”。在“囚徒困境”模式的四种结局之中，对于两名罪犯来说最优结局便是都选择不坦白，这样只需要每人坐 1 年牢。但是为什么他们没有选择这种方案呢？就是因为他们不信任对方。

战国时期的大将乐羊品德高尚，才华横溢。当时魏文侯派他去征伐中山国，巧的是乐羊的儿子乐舒在中山国为官。中山国为了逼迫乐羊退军，便将乐舒关押起来进行要挟。乐羊为人善良，不想看到众多百姓饱受战争之苦，于是采取了围而不攻的战术，将敌人围在城中。

双方僵持了很长时间，这时后方的一些官员便开始质疑乐羊为了自己的儿子，迟迟不攻城，损害国家利益，要求撤掉乐羊的军职。此时的魏文侯并没有听取这些人的意见，而是坚定不移地相信乐羊。他还派人给前线送去了慰问品，并且派人将乐羊家的宅院修缮一新，以表示对乐羊的信任。

没过多久，中山国便坚持不下去了，他们杀掉了乐舒，并将其熬成肉汤送给乐羊。乐羊见此，只是说："虽然他是我儿子，但是他替昏君做事，死如粪土。"这个时候，攻城的时机已到，乐羊指挥将士杀入城中，中山国君看到大势已去，便选择了自杀。中山国至此被灭。

当乐羊回到魏国以后，魏文侯命人将两个大箱子抬到乐羊面前打开，里面全是大臣们要求将他革职的奏章。这时乐羊恍然大悟，对魏文侯说："我原本以为攻下中山国是我乐羊一个人的功劳，现在才明白，要不是大王力排众议，始终不渝地相信我，我乐羊绝不会攻下中山国。"

魏文侯同乐羊之间既是君臣关系，同时也可以看作领导与员工之间的关系。要想让员工发挥自己的聪明才智，领导的信任是必不可少的。有了领导的信任做保障，员工才可以做到放手去搏。同时，员工对上级的信任也会有所感激，必将加倍努力，回报公司。

第四节 枪打出头鸟：多人“囚徒困境”

我们已经用“囚徒困境”的模式解释了很多社会现象，但是在之前的博弈中，我们大都是抽象为两人博弈的模型进行分析。可是现实中呢？大多数博弈并非只有两人参加。多人参与的“囚徒困境”主要反映的是个体理性和团体理性之间的冲突。

我们先通过两个例子来了解一下这种群体“囚徒困境”。

一辆长途客车正在路上行驶，突然两个“乘客”从座位上站起来，并且手中拿着刀，冲着车上的人喊：“都把钱交出来，谁不老实就捅死他。”很明显，这两位“乘客”并非真正的乘客，而是劫匪。他们假扮成乘客，等车到了偏僻的地方之后，便实施作案。这种形式的抢劫往往能获得成功，车上的几十个人眼睁睁看着两名劫匪得逞后扬长而去。

“长途客车上抢劫”这样的故事屡见不鲜。大家对这种事情的反应除了愤怒以外，大都是对车上乘客的谴责，认为他们过于冷漠和不够团结，几十个人怎么会对付不了两个蟊贼呢？这种谴责有一定的道理，但是并不全对。如果用博弈论和“囚徒困境”的道理来分析一下，你就会明白当时为什么很难有人站出来。要想了解当事人的心理，最好的办法就是把自己假设成为当时车上的一名乘客，然后问自己一句：如果是你，你会第一个起来反抗吗？

若是大家团结一心，阻止两名劫匪并非难事，但问题的难点在于如何将乘客们都组织起来。劫匪的突然出现和穷凶极恶会给乘客造成一种心理畏惧，其实这个时候劫匪心里也很害怕，他们知道自己在人数上并不占优势，若是乘客们联合起来，自己必败无疑。劫匪为了阻止乘客们之间沟通和联合，会采用几个策略，这也是他们惯用的招数：一是突然袭击，不给乘客们思考的机会，让每个人都处于吓蒙的状态；二是穷凶极恶，让人们心理畏惧；三是放出狠话，“谁不老实就弄死谁”之类的。这几招往往都会管用，尤其是最后一招——惩罚第一个反抗的人。

这个时候一部分乘客处于惊恐状态，甚至忘记了可以选择反抗，即使心里想着反抗的人也心有余悸，想等着别人起来反抗之后自己再上。总之，没有人愿意做第一个起来反抗的人，因为劫匪制定的策略是“枪打出头鸟”。这就令乘客们陷入了一种危机，在所有可以选择的策略中，做第一个站出来的人是最差的策略。每个人都不去选择它，每个人都在等别人先站出来，结果便是没有人站出来。做第一个站出来的人需要付出代价，甚至可能是付出生命。这个代价足够沉重，以致大多数人承担不起。劫匪们也懂得这个道理，这也是他们敢以少抢多的原因。

上面这个案例与一个寓言非常相似，故事大意是：老鼠们为了躲避猫，商议出一个办法，那就是给猫的脖子上拴个铃铛。大家都觉得这是一个好办法，但是问题是谁去拴呢？老鼠面临的问题和上面乘客面临的问题相同，那就是关键时候谁第一个站出来。

难道我们真的就无法走出这种困境吗？其实并不是这样，集体陷入困境是“囚徒困境”的一种延伸，这种情况在我们身边有很多，这其中很大的原因在于缺乏沟通和合作。同时还有一点就是，人性的自私和懦弱。正是因为如此，那些敢于在危险面前挺身而出的人才会被称为英雄。

现实中遇到困难的时候经常会出现英雄。1993 年 8 月 17 日，人们一夜之间知道了一位英雄的名字，那便是徐洪刚。这一天他在探亲返回部队的长途汽车上，发现了 4 名歹徒在勒索一名女乘客，同时还伴随着肆意的侮辱。他勇敢地站出来，同 4 名歹徒进行搏斗。最终，身上被捅伤 14 处，肠子流出体外 50 多厘米。他以惊人的毅力，忍着剧痛，用背心兜住肠子，跳下车去追赶歹徒，并最终倒在血泊里。他的这种精神感染了当地人民，在他住院期间，自发到医院看望他的人民群众达 6000 多人。

并不是每个人都可以做英雄，但是我们应该增强道德观和责任感。不敢做第一个站出来的人的确情有可原，但是在别人站出来之后还不站出来，那就是没有责任感。相对于没有人站出来与歹徒搏斗而言，只有一人站出来，而其余人在围观更令人愤怒。

再说一下沟通与合作，曾经有媒体与警方联合推出了一项短信报警服务。手机现在已经成为一种非常普遍的通信工具，几乎人手一部。在群众遇到困难的时候，可以不动声色地用短信报警，既不惹怒犯罪分子，也不用担心歹徒报复。

第四章
走出“囚徒困境”

第一节　最有效的手段是合作

在“囚徒困境”模式中有一个比较重要的前提，那便是双方要被隔离审讯。这样做是为了防止他们达成协议，也就是防止他们进行合作。如果没有这个前提，“囚徒困境”也就不复存在。由此可见，合作是走出“囚徒困境”最有效的手段。

常春藤盟校中的每一所学校几乎在全美国，甚至全世界都有名，他们培养出的知名人士和美国总统更是令其他学校望尘莫及。就是这样积聚着人类智慧的地方，却曾经为了他们之间的橄榄球联赛而颇感苦恼。20 世纪 50 年代，常春藤盟校之间每年都会有橄榄球联赛。在美国，一所大学的体育代表队非常重要，不仅代表了自己学校的传统和精神，更是学校的一张名片。因此，每所大学都拿出相当长的时间和足够的精力来进行训练。这样付出的代价便是因为过于重视体育训练而学术水准下降，仿佛有点本末倒置。每个学校都认识到了这个问题，但是他们又不能减少训练时间，因为那样做，体育成绩就会被其他几个盟校甩下。因此，这些学校陷入了“囚徒困境”之中。

为了更形象地看这个问题，我们来建立一个简单的博弈模型。假设橄榄球联赛中的参赛队只有哈佛大学和耶鲁大学，原先训练时间所得利益为 10，若是其中一个学校减少训练时间，则所得利益为 5。这样我们就能得到一个矩阵图：

		耶鲁大学	
		减少时间	不减少时间
哈佛大学	减少时间	（10，10）	（5，10）
	不减少时间	（10，5）	（10，10）

首先解释一下，为什么两个学校同时减少训练时间得到的结果跟同时不减少时间时一样，都为（10，10）。因为大学生联赛虽然是联赛，但是无论如何训练，水准毕竟不如正式联赛。人们关注大学生联赛：一是为了关注各学校之间的名誉之争；二是大学生联赛更有激情。因为运动员都是血气方刚的大学生。因此，如果两所大学同时减少训练时间，只会令两支球队的技术水平有所降低，但是这并不会影响到比赛的激烈程度和受关注程度。所以，同时减少训练时间，对两个学校几乎没有什么影响。

最后，各大学都认识到了这个问题。也就是说各大学付出大量的训练时间，接受巨额的赞助得到的结果，与只付出少量训练时间得到的结果是一样的。于是他们便联合起来，制定了一个协议。协议规定了各大学橄榄球队训练时间的上限，每所大学都不

准违规。尽管以后的联赛技术水平不如以前，但是依旧激烈，观众人数和媒体关注度也没有下降。同时，各大学能拿出更多的时间来做学术研究，做到了两者兼顾。

上面例子中，常春藤盟校走出“囚徒困境”依靠的是合作。从更广义的角度来说，合作是人类文明的基础。人是具有社会属性的群居动物，这就意味着人与人之间要进行合作。从伟大的人类登月，到我们身边的衣食住行，其中都包含着合作关系。“囚徒困境”也是如此，若是给两位囚徒一次合作的机会，两人肯定会做出令双方满意的决策。

说到博弈中各方参与者之间的合作，就不能不提到欧佩克（OPEC），这是博弈中用合作的方式走出困境的一个典范。欧佩克是石油输出国组织的简称。1960 年 9 月，伊朗、沙特阿拉伯、科威特、伊拉克、委内瑞拉等主要产油国在巴格达开会，共同商讨如何应对西方的石油公司，如何为自己带来更多的石油收入，

欧佩克就是在这样的背景下诞生的。后来亚洲、拉丁美洲、非洲的一些产油国也纷纷加入进来，他们都想通过这一世界上最大的国际性石油组织为自己争取最大的利益。欧佩克成员国遵循统一的石油政策，产油数量和石油价格都由欧佩克调度。当国际油价大幅增长的时候，为保持出口量的稳定，欧佩克会调度成员国增加产量，将石油价格保持在一个合理的水平上；同样，当国际油价大幅下跌的时候，欧佩克会组织成员国减少石油产量，以阻止石油价格继续下跌。

我来分析一下假如没有欧佩克这样的石油组织将会出现什么样的情况。那样的话，产油国家将陷入“囚徒困境”，世界石油市场将陷入一种集体混乱状态。

首先，是价格上的“囚徒困境”。如果没有统一的组织来决定油价，而是由各产油国自己决定油价，那各国之间势必掀起一场价格战，这一点类似于商场之间的价格战博弈。一方为了增加收入，选择降低石油价格；其余各方为了防止自己的市场不被侵占，选择跟着降价，最终的结果是两败俱伤。即便如此，也不能退出，不然的话，一点儿利益也得不到。“囚徒困境”将各方困入其中，动弹不得。

其次，产油量也会陷入“囚徒困境”。若是价格下降了，还想保持收益甚至增加收益的话，就势必选择增加产量。无论其他国家如何选择，增加产量都是你的最优策略。如果对方不增加产量，你增加产量，你将占有价格升降的主动权；若是对方增加产量，你就更应该增加产量，不然你将处于被动的地位。

说到这里，我们就应该明白欧佩克的重要性了，欧佩克解决了各石油输出国之间的恶性降价竞争和恶性增加产油量的问题，带领各成员国走出了“囚徒困境”。欧佩克为什么能做到这一点？关键就在于合作。

合作将非合作性博弈转化为合作性博弈，这是博弈按照参与方之间是否存在一个对各方都有效的协议所进行的分类。非合作性博弈的性质是帮助你如何在博弈中争取更大的利益，而合作性博弈解决的主要是如何分配利益的问题。在“囚徒困境”模式中，两名罪犯被隔离审讯，他们每个人都在努力做出对自己最有利的策略，这种博弈是非合作性博弈；若是允许两人合作，两人便会商量如何分配利益，怎样选择会给双方带来最大的利益，这时的博弈便转化为合作性博弈。将非合作性博弈转化为合作性博弈，便消除了“囚徒困境”，这个过程中发挥重要作用的便是合作。

第二节 重复性博弈

有这样一种现象我们经常可以见到，那就是出去旅游的时候，旅游景点附近的餐馆做的菜都不怎么样。这样的餐馆大都有一些共性，菜难吃，而且要价高。这样的地方去吃一次，就绝不会有第二次了。既然这样，这些餐馆为何不想办法改善一下呢？仔细一想你就会明白，他们做的都是一次性买卖，不靠“回头客”来赢利，靠的是源源不断来旅游的人。

类似上面这样的事情我们身边还有很多，这些事情向我们说明了一个道理：一次性博弈中不可能产生合作，合作的前提是重复性博弈。一次性博弈对参与者来说只有眼前利益，背叛对方对自己来说是最优策略；而重复性博弈中，参与者会考虑到长远利益，合作便变得可能。

你只想和你的商业伙伴做一次生意吗？那样的话你就选择去背叛他好了。但现实情况往往不会是这样，我们都会培养自己的固定客户，因为老客户会和我们进行长久的合作，使我们持续获利。再比如，你开了一家餐馆，不是在旅游景点附近，也不是车站附近，而是在一家小区门口，来这吃饭的人大多是附近小区的住户。这个时候，你会选择像前面说的那样把菜做得又难吃而且要价又贵吗？应该不会，如果是那样的话，你的客户将越来越少，关门是早晚的事。很多历史悠久的品牌，比如“全聚德”“同仁堂”，等等，正是靠着优质的产品和周到的服务为自己争取了无数的“回头客”，这些品牌也已经成了产品质量的保证。

关于重复性博弈与合作的关系我们总结两点：

一、理性人不会选择只与别人做一次生意，“一锤子买卖”。因为这样做的结果只能是短期获利，从长远来看会吃亏。考虑到长远利益，理性人会选择与对方合作，进行重复性博弈。

二、合作的基础是长远性的交往，有共同的未来利益才会选择持续合作。没有未来利益就没有合作。

一般将一次性博弈转化为重复性博弈，结局便会完全不同。因为你若是在前一轮博弈中贪图便宜，损害对方利益，对方则会在下一轮博弈中向你进行报复。我们都知道黑手党是国外的一个黑社会团体，虽然从事的是肮脏的地下交易，但是他们内部组织严密。黑手党中有许多规矩，其中一条便是：若被警察抓住，不得供出其他成员，否则将受到严惩。这里的严惩多半是被处死。在这里我们套用一下“囚徒困境”的模式，假设被抓进去的两个罪犯都是黑手党成员，他们还会选择出卖对方吗?

结果应该是不会，我们假设这两个罪犯的名字依然为亚当和杰克。亚当会想，虽然供出对方对我来说是最优策略，但是这样出狱以后就会被处死。不要心存侥幸，觉得跑到天涯海角就能躲过一劫，黑手党是无处不在的；与其出去被打死，还不如坚持不坦白，在牢里安心待着。同样，杰克也会这样想，最终结局便是两人都选择不招供。为什么在前面几乎是不可能的合作，到了这里变得如此简单?因为前面的“囚徒困境”是一次性博弈，二人不需要考虑出狱以后的事情；但是在这里不同，出狱以后两人还会进行一次博弈，并且根据当初在狱中是否出卖了对方，而得到相应的结局。这样，一次性博弈变为了重复性博弈，两人也由出卖对方转化为了合作。

我们建立一个简单的博弈模型，若是亚当出卖了杰克，出狱后会被黑手党组织打死，所得利益为0；若是没有出卖杰克，出狱后平安无事，所得利益为10。杰克同样如此。我们将这几种可能表现在一张矩阵图中：

		亚当	
		坦白	不坦白
杰克	坦白	（0，0）	（0，10）
	不坦白	（10，0）	（10，10）

图中很明显地显示出，选择向警方坦白，出狱后死路一条；选择不坦白，虽然会多坐几年牢，甚至终身监禁，但是没有生命危险。很明显，两名罪犯都考虑到这一点肯定会选择不坦白。正是第二场博弈的结果影响到了第一次博弈的选择，体现了我们所讲的重复性博弈促成合作。

并不是只要博弈次数多于1，就会产生合作，博弈论专家已经用数学方式证明，在无限次的重复博弈情况下，合作才是稳定的。也就是说，要想双方合作稳定，博弈必须永远进行下去，不能停止。我们来看一下其中的原因。原因有两点：

一是能带来长久利益，比如开餐馆时的回头客；二是能避免受到报复，你若是背叛对方，定会招致对方在下一次博弈中报复，比如黑手党囚犯宁愿选择坐牢也不供出同伙，就是怕出狱后被报复。其实这两个原因可以看作一个原因，怕对手报复也属于考虑长久利益。

当我们知道某一次博弈是最后一次的时候，我们就不会再考虑长久利益，也不会有下一次博弈中对对手报复的担忧，这时背叛对方又成了博弈各方的最优策略。我们假设，你决定明天就将餐馆关闭，或者转让给他人，那么今天晚上你与顾客之间便是最后一次博弈。这个时候虽然餐馆老板基本上不会这样做，但是从博弈论的角度来说，做菜的时候偷工减料、提高菜价，对你来说是最好的一种策略；正如两名罪犯虽然是黑手党成员，但是如果他们知道自己的组织被一锅端了，出去之后没有人会威胁自己，这时候他们便会选择背叛对方。

美国著名博弈论教授罗伯特·埃克斯罗德教授曾经做过这样一个有名的试验：这个实验非常简单，选择一群人，让他们扮演“囚徒困境”中的其中一位囚犯的角色，将他们每一次的选择统计好之后再输入电脑里。

最开始是一次性博弈，只有一次选择机会，不出意料，参与者都选择背叛对方；后来博弈次数不断增多，直至双方的博弈次数增加到了 200 次。最后的统计结果告诉我们，无论是 2 次还是 200 次，只要是有限重复博弈而不是无限重复博弈，博弈参与者都会选择背叛对方。

我们先来分析一下二次重复博弈中的情况，第二次博弈同时是最后一次博弈，这时双方没有后顾之忧，不必为将来的利益或者报复操心，所以肯定会选择背叛对方。由此往上推，第一次博弈中，甲会想，无论我选择背叛对方还是与对方合作，他都会在第二次博弈中背叛我，与其那样，还不如在第一次博弈中我就背叛对方。同时，另外一位参与者也是这样想的。所以尽管是二次重复博弈，但是两人会在第一次博弈中就选择互相背叛。

3 次重复博弈、4 次重复博弈，直至 200 次重复博弈都是这个道理。只要重复博弈有次数限制，不是无限重复博弈，人们的选择都是相同的，都会选择背叛对方。这种结果是让人绝望的，人的寿命是有限的，博弈总有结束的那一天，也就是说世界上没有什么博弈是无限重复的。按照上面的说法，合作就变得永远不可能。

我们知道现实中的情况并非如此，如前面举的例子中，餐馆的“回头客”同餐馆之间的关系便是合作；黑手党成员在监狱中共同不招供出对方也是合作。没有人会在一个餐馆吃一辈子饭，黑手党组织也早晚有解散的那一天，如此说来，他们之间的博弈也应该属于有限重复博弈，那他们之间为什么会出现合作呢？这是因为没有人知道这些博弈会在哪一天结束，不知道何时结束的博弈，就相当于无限重复博弈，便会催生出合作。

第三节　不要让对手看到尽头

有这样一个笑话，一个年轻人去外地出差，这期间他觉得自己的头发有点长，便准备去理发。旅店老板告诉他，这附近只有一家理发店，刚开始理得还不错，但是因为只有他一家店，没有竞争，所以理发师理发越来越草率。人们也没办法，只得去他那里理发。年轻人想了想，笑道："没事，我有办法。"

年轻人来到这家理发店，果然同旅店老板说的一样，店里面到处是头发，洗头的池子上到处是水锈，镜子不知道有几年没擦了，脏乎乎的照不出人影。理发师在一旁的沙发上跷着二郎腿，叼着一支烟，正在看报纸。等了足足有 3 分钟，他才慢悠悠地放下报纸，喝了一口茶，然后问道："理发呀？坐那儿吧。"

年轻人笑着说，我今天只刮胡子，过两天再来理发。理发师胡乱地在年轻人脸上抹了两下肥皂沫，三下五除二就刮好了。年轻人一看，旅店老板说得一点都没错，理发师技术娴熟，但是非常草率，甚至连下巴底下的胡子都没刮到。不过他也没说什么，笑着问道："师傅，多少钱？"

"2 元。"理发师没好气地回答说。

"那理发呢？"年轻人又问道。

"8 元。"

年轻人从钱包里拿出 10 元钱递给理发师，说："不用找钱了。"

理发师没见过这样大方的客户，于是态度立刻来了一个一百八十度大转弯，笑盈盈地把他送到门外。临走时，年轻人说两天之后来理发。

两天过去了，等年轻人再来理发的时候，发现理发店里面被打扫得干干净净，水池中的水锈也不见了，镜子也被擦得一尘不染。理发师笑呵呵地把年轻人迎进了店内，并按照年轻人的要求给他理发，理得非常仔细、认真。

理完之后，理发师恭敬地站在一边。年轻人站在镜子面前前后看了看，对理发师的水平非常满意，然后拂了拂袖子就要出门。理发师赶忙凑上前来说还没给钱呢，年轻人装出一脸不解地说：“钱不是前两天一起给你了吗？刮脸 2 元，理发 8 元，正好 10 元。”

理发师自知理亏，哑口无言，年轻人笑着推门而去。回到旅馆后，旅店老板和住宿的客人都夸年轻人聪明。

这个故事中聪明的年轻人知道，自己是外地人，与当地的理发馆之间做的是“一锤子”买卖，也就是一次性博弈，理发师八成会非常草率。于是，他便聪明地将一次性博弈转化为了重复性博弈。也就是把原本一次性就可以完成的理发加刮脸，分成了两次。并且先刮脸，后理发，先小后大，先轻后重。

重复性博弈的特点就在于第一次制定策略时要考虑到预期收益或者预期风险。这个故事中理发师按理说不会考虑预期收益，因为这里只有他一家理发店，人们别无选择。但是年轻人考虑到了这一点，在第一次博弈，也就是刮脸的时候多给了不少钱，让对方感受到了预期收益。理发师会想，我给他刮脸刮得这样草

率，他居然给了我那么多钱，下次给他理发理得好一点，他肯定会给更多钱。这样想便中了年轻人的招，结果就是上面我们所说的。

我们总结一下年轻人成功的关键，首先是将一次性博弈转化为重复性博弈，因为重复性博弈是合作产生的保障；其次是让对方看到未来收益。这两点我们在买东西讨价还价的时候经常用到，讨价还价的时候我们经常会说“下次我们还来买你的东西”，或者“我们回去用得好的话，会让同学朋友都来买你的”。虽然这种话大都是随口说出来的，但是其中包含的道理是博弈论中重复性博弈和预期收益。

那年轻人赚了一次便宜之后还会不会继续去这家理发店理发呢？如果是一个理性人的话，他是不会这样做的。因为理发师在被戏弄之后，知道自己同年轻人打交道并没有预期收益，便会放弃提供更好的服务。我们假设这位年轻人是一个黑帮成员，身体强壮，扎着马尾辫，露出的胳膊上有五颜六色的文身。这个时候，理发师同样会提供良好的服务，因为这样做虽然没有预期收益（甚至连钱都不给），但是可以避免预期风险。

在有限重复博弈中，最后一次往往会产生不合作，这也是年轻人将一次性博弈转化为重复性博弈的原因。同样，我们在上一章中提到的一个关于利用“囚徒困境”争取低进价的例子中也涉及了这一点。

我们来简单复述一下这个例子，假设你是一家手机生产企业负责人，某一种零部件主要由甲乙两家供货商提供，并且这种零部件是甲、乙两家企业的主要产品。如果你想降低从两家企业进货的价格，其中一种做法便是将两家企业导入“囚徒困境”之中，让他们进行价格战，然后你坐收渔翁之利。具体方法如下。

你宣布哪家企业将这种零件的零售价从 10 元降到 7 元，便将订单全部交给这家企业去做。这样的话，虽然降价会导致单位利润减少，但是订单数量的增加会让总的利润比以前有所增加。这个时候，如果甲企业选择不降价，乙企业便会选择降价，对于乙企业来说这是最优策略；如果甲企业选择降价，乙企业的最优策略依然是降价，如果不降价将什么也得不到。同样，甲企业也是这样想的。于是两家企业都选择降价，便陷入两人“囚徒困境”，结果正好是你想要的。

前面分析的时候我们也说过，模型是现实的抽象，现实情况远比模型要复杂。“囚徒困境”中每一位罪犯只有一次博弈机会，所以他们会选择背叛；但是两家供货商之间的博弈并非一次性博弈。可能在博弈刚开始的时候，两家企业面对你的出招有点不适应，看着对方降价便跟着降价。但是，这样一段时间之后，他们作为重复性博弈的参与者，就会从背叛慢慢走向合作。因为他们会发现，自己这样做的结果是两败俱伤，没有人占到便宜。等到他们意识到问题，从背叛走向合作的时候，你的策略便失败了。若是双方达成了价格同盟，局势将对你不利。

在上面分析之后我们给出了两个建议，一是定下最后的期限，二是签订长期供货协议。定下最后期限，比如：月底之前必须做出降价与否的决定。这样就能把重复性博弈定性为有限重复博弈。因为我们已经知道，有限重复博弈中双方还是会选择互相背叛。然后趁双方背叛之际实施第二个策略，立刻签订长期供货协议，将“囚徒困境”得到的这个结果用合同形式固定下来。

上面的两个例子中，第一个是年轻人巧施妙计，将一次性博弈化为重复性博弈，从而有了后面的合作；而第二个例子中，企业将重复性博弈明确定为有限重复博弈，将对方置于相互背叛的境地，以破坏对方的合作。由此可见博弈论的魅力所在，无论你是什么身份，总能帮自己找到破解对方的策略。

讲了这么多的重复性博弈，最后要补充一点。生活中两人“囚徒困境”毕竟是少数，多数是多人“囚徒困境”。多人“囚徒困境”因为参与者太多，情况更为复杂，任何人的一个小小失误，或者发出一个错误的信号，就会导致有人做出背叛行为；然后形成连锁反应，选择背叛的人数会越来越多，最终整个集体所有人都会选择背叛。双方博弈中只要有一方主动提出合作，另一方同意，合作便是达成了，而多人博弈中很难有人会主动选择合作。所以说多人博弈中，无论是有限次数博弈还是无限次数博弈，都很难得到一个稳定的合作。

在欧洲建立共同体，推进货币统一的过程中，曾经出现了1992年的英镑事件。当时在考虑建立一种统一货币制度的时候，每个国家虽然表面上同意合作，却暗地里都在维护个人利益，其中隐含着一个“囚徒困境”。无论是德国、英国，还是意大利，大家都在小心翼翼地维持着谈判和合作的继续进行。但正是一个非常小的信号导致了当时合作的失败，并且陷入了困境。

德国在这场谈判中的地位既重要又特殊，首先是维护欧洲区域的货币稳定，其次还要顾及自己国家的货币稳定。在如此压力之下，德国联邦银行总裁在某个场合暗示，德国不会牺牲国家利益。这句话看似没有问题，其实包含着很多信息。合作需要每一方都牺牲自己的一部分利益，如果德国不想牺牲自己国家利益，那么“囚徒困境”中的其他国家也不会选择牺牲自己的利益。这种结局便是“囚徒困境”中的相互背叛。再加上德国联邦银行总裁是个举足轻重的人，这一条信息不但使谈判陷入僵局，同时被国际财团嗅到了利益，引来了国际财团的资金涌入，由此导致了1992年的英镑危机。

合作是人类拥有一个美好未来的保障，因此我们要付出更多的信任，达到更好的合作。当年的谈判危机早已解决，欧元现在已经在欧洲使用多年，并且越来越稳定。

第四节　防人之心不可无

《功夫熊猫》是一部含有中国元素的好莱坞动画电影，2008年上映之后取得了优异的票房成绩，剧中的主人公也赢得了人们的喜爱。影片中有这样一段剧情，浣熊师傅捡来了被遗弃的小雪豹，并从小教它功夫。浣熊师傅非常溺爱这只雪豹，将自己的武艺全部传授给了它。结果雪豹长大后变得异常贪婪，认为师傅还有没有传授给自己的功夫，最终师徒反目成仇。此时的雪豹不但学了一身功夫，还身强力壮，浣熊已经很难将它制伏。

再看看在中国流传的一个故事：传说猫是老虎的师傅，老虎的每一招每一式都是从猫那里学来的。看到老虎学习过程中的威猛，猫心里盘算，若是有朝一日老虎学好了本领，我也就成了它口中的食物了。那该怎么办呢？最后猫想出一招，那就是“留一手”。这一手也就是我们熟知的爬树本领。这一天猫对老虎说，我已经把我所有的本领都传给了你，你可以走了。果然不出猫所料，这时老虎露出了尖利的牙齿，向猫扑了过来。猫早有防备，转身便爬到了树上。老虎这时傻了眼，知道自己被猫戏弄了，但是无奈不会爬树，只能气得用爪子去抓树皮。而猫呢，三两下就跳到了别的树上，然后一溜烟逃走了。

这两个故事讲的都是师傅给徒弟传授功夫。《功夫熊猫》中的浣熊师傅毫不吝啬地将毕生功夫都教给了雪豹，结果失去了对它的控制，险些酿出大祸，危害百姓。而第二个故事中的猫则理智得多，它知道为自己留一手。这便是我们常说的“防人之心不可无”。博弈也同样适用这个道理。

博弈的前提便是参与者为理性人，因此我们知道每个人都在为自己争取最大利益。这个时候，大家一般会非常小心地戒备对方，怕对方从自己手中争夺利益。但是，当博弈中出现了合作，这个时候参与者便降低了对对方的戒心。上面的两个故事同时也是两个博弈，而且都是合作博弈，对对方是否抱有戒心使得两个故事出现了不同的结局。这给我们以启示：合作时要真诚，但是防人之心不可无。

博弈中的合作是各方为了得到更大的集体利益，选择牺牲掉一部分个人利益而走到一起的。我们要明确的一点是：合作的基础是双方知道有利可图，利益仍然是第一要素，而绝非什么真诚和忠诚。关键是我们要做好准备，随时应对出现的各种可能，这样才能做到遇事不慌，从容应对。前面例子中的猫便是如此，它已经计划好了如果老虎忘恩负义，自己该怎么应对，所以在老虎露出真面目的时候能够做到临危不乱，从容不迫。

对对方保持戒备之心，随时观察对方的一举一动，这是敌对双方之间最起码要做到的。兵书《孙子兵法》有云：“知彼知己，百战不殆。”说的便是密切关注敌方一举一动，掌握了全面信息便能百战百胜。这就像打牌一样，你若是不仅知道自己的牌，还知道对手的牌，而对手还蒙在鼓里。这个时候赢对手易如反掌。在这里我们得出几个结论：

一是要永远对对手保持警惕，认识到你们之间合作的目的是利益；二是注意密切关注对手的一举一动，谁掌握了信息，谁就掌握了主动。

一些粗枝大叶的人以为双方由对抗转入合作就可以高枕无忧了，这样的人往往是博弈中的输家。

最后就是给自己留一条后路，如同猫把爬树的本领留给自己一样，这样在对手背叛之后，可以有制敌之法，或者保证自己不受损失。《红楼梦》中王熙凤和平儿在为人做事上面有很大差异，王熙凤做事非常绝；而平儿则对人友善，轻易不得罪人。尤其在对待下人方面，王熙凤非常严厉，不留情面；而平儿则多加安抚，非常得人心。等到了四大家族“墙倒众人推”的时候，平儿靠着众人的帮助，渡过了重重难关，得以脱险。这正是靠着她以前行善，为自己赢得了人心，也为自己留下了一条后路。

第五章
智猪博弈

第一节　股市中的“大猪”和“小猪”

在经济学博弈论中，“智猪博弈”是一个著名的纳什均衡的例子。

假设猪圈里有一头大猪、一头小猪。猪圈的一头装有猪食槽，另一头则安装着控制猪食供应的按钮，按一下按钮会有10个单位的猪食进槽，但是谁按按钮就会首先付出2个单位的成本。由于按钮和猪食槽在相反位置，按按钮的猪同时也丧失了先到槽边进食的机会。若小猪先到槽边进食，因为缺乏竞争，进食的速度一般，最终大小猪吃到食物的比率是6∶4；若同时到槽边进食，大猪进食速度加快，最终大小猪收益比是7∶3；若大猪先到槽边进食，大猪会霸占剩余所有猪食，最终大小猪收益比是9∶1。

那么，在两头猪都有智慧的前提下，最终结果是：小猪选择等待，大猪去按按钮。

股票和证券交易市场都是充满了博弈的场所。博弈环境和博弈过程非常复杂，可谓一个多方参与的群体博弈。对于投资者来说，大的市场环境，所购买股票的具体情况，其他投资者的行动都是影响他们收益的主要因素。他们都是股市博弈的参与者，而整个股市博弈便是一场“智猪博弈”。

依据投资金额的多少，我们可以把投资者简单归为两类，一类是拥有大量资金的大户，另一类是资金较少的散户。

股票投资中的大户因为投资的金额较大，所以，为了保证自己的收益，他们必定在投入资金前针对股市的整体情况以及未来的走势进行技术上的分析，还有可能雇用专业的分析师或是分析公司做出准确的评估和预测，为自己制订投资的计划和具体策略。

一旦圈定了某些股票后，他们会收集该股票的相关信息，以确保自己能够以较低的价位吃进，在固定的金额内尽可能买进最多的份额。当然，这些针对信息的收集和分析都会消耗不少的时间和金钱。这些开支都被投资者计算在投资成本中。

考虑到自己前期的投入，利益至上的大户一旦选定了某只股票，资金进入市场，就不会轻易赎回。对于大户来说，他们在计算股票收益时，必须扣除前期投入的成本，剩余的才算是自己真正的收益。所以，他们最希望看到的局面就是股价呈现出持续的上扬趋势，自己所持的股值不断地增加。

相对地，那些散户在把资金投入股市前的行为刚好与大户相反。在通常情况下，他们在选择投资股票的时候，往往会做出“随大溜”的举动。散户最常见的做法就是看哪只股票走势好，就投资哪只股票。因为，在这些散户看来，股票的走势好就意味着选择这只股票的人很多。事实证明，这并非一种明智的做法。因为在股票交易市场中，“投资这只股票的人多”并不是“这只股票一定挣钱”的必要条件，只能说存在出现这种结果的可能。

从另一方面来说，散户虽然资金不多，但在某种程度上也是一种优势。相较于大户资金投入后较稳定的情况，因为资金数额小，散户便可以在交易中实现自由进出，资金的灵活性很强。一般情况下，买入卖出会更灵活，船小好掉头。

“涨了便抛售，落了就买进”是散户最常见的投资行为。对于那些具有一定资金实力的大户来说，他们投资就是为了能使利益得到最大化。所以，他们不会坐等整个股市的行情向自己有利的方向发展。在必要的时候，他们会选择主动出击，甚至会利用自己的资金优势，通过设局的方式，来操控某一只股票股价的升降。

对于散户来说，最好的情况就是能够清楚地了解大户的投资策略。大户投资哪只股票，自己就跟着投资哪只股票。这样，散户就可以像“小猪”那样坐享其成，从大户的投资行为中为自己获取利益。所以说，“寻找大户的投资对象，及时跟进”就是散户在股票证券交易中的最佳策略。

不过，“让大户们为自己服务”只是一种最理想化的情况。我们是基于“智猪模式”，推断出这一情况的。而且，在该模式中，“大猪”和“小猪”的行为都严格遵守着模式存在的前提。

但是，对于股票和证券交易市场来说，由于存在各种不确定性，所以大户和散户之间博弈的现实情况往往会更为复杂。

这些大户不会像“大猪”那样，傻乎乎地来回奔波，他们会选择隐藏起自己真实的投资行动，让散户无处“搭便车”。甚至，他们会利用散户坐享其成的心理，设局诱使散户做出投资行动，为自己谋利。例如，一个大户可以选择一只极易拉升股价的股票，通过散布一些虚假消息，吸引散户对该股票进行投资，待这支股票价格呈现出一定程度的上涨后，悄无声息地突然赎回，以此让自己在短时间内获得巨额利润。

这种通过设局，诱导散户做出定向投资的大户就是我们常说的“股市大鳄”。他们有雄厚的资金作为投资基础，可以引导股票的走势倾向有利于自己的一面。当他们利用资金，针对某一只股票开始坐庄时，就相当于形成了一个“猪圈”。此时，如果散户足够精明，能够看穿大户的打算，就可以趁机迅速买进，进入“猪圈”。

在股市中，称王的永远是坐庄的大户。所以，作为股市中的散户，除了要学会耐心等待“猪圈”的形成，抓住“进圈”的时机外，还要切记不可贪婪。获利之后，要学会及时撤出。毕竟，大户所做的决策是以自己获得利益为前提，如果大户选择震仓或是清仓，绝不会提前预警，往往是突然袭击。在这种情况下，散户就有可能血本无归，成为股市的牺牲品。

第二节　商战中的智猪博弈

现在，世界范围内的主流经济体系便是市场经济。市场经济又被称为自由企业经济，在这种经济体系下，同行业的众多企业会为了追求自己的经济利益而不择手段，进行激烈竞争。当然，有竞争就必定有博弈。这些参与竞争的企业规模有大有小，实力有强有弱。他们之间便会像智猪博弈中的大猪和小猪一样，彼此之间展开博弈。所以，当一个具有规范管理和良好运作的小公司为了自我的生存和发展必须和同行业内的大公司进行竞争的时候，小公司应当采取怎样的措施呢？在兵法《三十六计》中，名叫“树上开花”的第二十九计是个不错的选择。

“借局布阵，力小势大。鸿渐于陆，其羽可用为仪也。”这句话出自《三十六计》。其中“借局布阵，力小势大”的意思是弱者可以通过某些手段造成对自己有利的阵势。“鸿渐于陆，其羽可用为仪”一句源自《易经》，是对一种吉祥卦象的解释，本义是指当大雁着陆后，可取其羽毛作为编制舞蹈器具的材料。这一计策的原理就是身处弱势时，可以凭借其他因素，像用大雁羽毛装饰那样充实壮大自己。

20 世纪中期，美国专门生产黑人化妆品的公司并不多，佛雷化妆品公司算得上佼佼者。这家公司实力强劲，一家独大，几乎占据了同类产品的所有市场。该公司有一位名叫乔治·约翰逊的推销员，拥有丰富的销售经验。后来，约翰逊召集了两三个同事，创办了属于自己的约翰逊黑人化妆品公司。与强大的佛雷公司相比，约翰逊公司只有 500 美元和三四个员工，实力相差甚远。很多人都认为面对如此强悍的对手，约翰逊根本是自寻死路。不过，约翰逊根据实际情况和总结摸索出来的推销经验，采取了“借力策略”。他在宣传自己第一款产品的时候，打出了这样一则广告：“假如用过佛雷化妆品后，再涂上一层约翰逊粉质化妆霜，您会收到意想不到的效果。”

当时，约翰逊的合作伙伴们对这则广告提出了质疑，认为广告的内容看起来不像在宣传自家的产品，反倒像吹捧佛雷公司的产品。约翰逊向合作伙伴们解释道：“我的意图很简单，就是要借着佛雷公司的名气，为我们的产品打开市场。打个比方，知道我叫约翰逊的人很少，假如把我的名字和总统的名字联系在一起，那么知道我的人也就多了。所以说，佛雷产品的销路越好，对我们的产品就越有利。要知道，就现在的情况，只要我们能从强大的佛雷公司那里分得很小部分的利益，就算成功了。”

后来，约翰逊公司正是依靠着这一策略，借助佛雷公司的力量，开辟了自己产品的销路，并逐渐发展壮大，最后竟占领了原属佛雷公司的市场，成了该行业新的垄断者。

现在，让我们依照智猪博弈的模式来分析一下这个成功的营销案例。

在这场实力悬殊的竞争中，约翰逊公司就是那只聪明的小猪，佛雷公司便是那只大猪。对实力微弱的约翰逊公司来说，要想和佛雷公司竞争，有两种选择：

第一，直接面对面与之对抗；

第二，把对方雄厚的实力转化为自己的助力。

很显然，直接对抗是非常不现实、非理性的做法，无异于以卵击石。所以约翰逊做出的选择是先“借局布阵，力小势大”，借着对方强大的市场实力和品牌效应为自己造势，并最终获得了成功。

从另一个角度来说，当竞争对手是在实力上与自己存在很大差异的小公司时，大公司的选择同样有两种：

一、凭借着自己在本行业中所占据的市场份额，对小公司的产品进行全面压制，挤掉竞争对手；

二、接受同行业小公司的存在，允许它们占领市场很小的一部分，与自己分享同一块“蛋糕”。

不过，在我们上面讲述的案例中，约翰逊的聪明做法使得佛雷公司无法做出第一种选择来对付弱小的约翰逊公司。理由很简单，那就是约翰逊的广告。对于佛雷公司来说，这则广告非但没有诋毁自己的产品，而且起到了某种宣传的作用。更何况，在这种情况下全面压制对方的产品既费时又费力，还要投入更多的资金，既然有人免费帮忙宣传自己的产品，又可以给自己带来一定的利益，何乐而不为呢？

我们前面说过，“大猪”和“小猪”同时存在是智猪博弈模式存在的前提，即小猪虽然与大猪同时进食，却不曾对大猪所吃到食物份额造成严重的威胁。

具体到商业竞争中，当大公司允许小公司存在的时候。通常，小公司一旦进入市场并存活了下来，就会守住自己的市场份额，分享着由大公司经营策略所带来的机会和利润。不过，作为商业竞争的参与者，任何一个公司都不可能永远安于现状。所以，小公司必定尽力发展自己，增强自身的实力。

对于大公司而言，一旦发现小公司的实力对自己造成威胁的时候，就应当采取相应的行动，对小公司进行打压，限制其发展。但是，在佛雷公司和约翰逊公司的商业博弈中，佛雷公司正是由于忽视了这一点，没有清楚地认识到约翰逊公司对自己造成的威胁，最终导致了自己被吞并的结局。

在美国，可口可乐和百事可乐公司长期以来都是饮料行业的两大龙头。在 20 世纪 70 年代末期，除去这两个公司旗下的产品外，该行业内还有一些其他商标的饮料产品。这类产品质量不高，属于该行业的低端产品。因为价格低廉让它们也能在市场中占有一定的份额。对于两大龙头公司来说，这类产品无论是在质量还是在产品的市场定位上，虽然具有一定的威胁性，却也十分有限。所以，可口可乐和百事可乐公司最初对这类产品采取了容忍的态度，允许它们与自己的产品同时出现，分得很少一部分市场份额，共享市场带来的利润。

在这类产品中，有一个主打牌子的生产商不满足于自己所占有的市场，开始尝试生产高质量的饮料产品，并以低价位向被两家龙头企业占据的市场发起冲击。随着这个具有地区性牌子的饮料的发展壮大，该产品生产商的实力得到了大幅度提升，其产品市场占有率后来竟然高达 30%，大有与两家龙头公司分庭抗礼之势。

意识到这个品牌的威胁后，可口可乐和百事可乐两家公司同时采取措施，联手降低自己产品的价格，开始入侵原本不屑一顾的低价位市场。在此情况下，包括上述这家生产商在内的众多小公司纷纷倒闭。最终，这类产品的市场被可口可乐公司和百事可乐公司瓜分。

在上述的这两个案例中，竞争对手相对单一。在经济快速发展的今天，跨区域、跨地界的合作越来越多，同一行业内不再是一家独大，经常会出现多个龙头企业存在的情况。日本索尼公司创始人之一的盛田昭夫曾经提出了著名的“间隙理论”。这个理论的内容非常简单。他认为如果把每个企业所占有的市场用圆圈来表示的话，不同的圆圈中间必定存在一定的间隙，也就是说在

各个企业瓜分市场份额时，总有剩余空间。比如说，在网络兴起后，很多中小企业很快发现了其中蕴含的商机，建立了以网络购物为主的新型消费市场。以淘宝网为例，在2009年以前，有超过9800万人成为淘宝网的注册会员，交易金额高达999.6亿元，其在中国网络购物市场上所占的份额达到了80%。通过这个亚太地区网络零售规模最大的平台，许多中小企业，甚至个体商贩都从中获得了巨大的利润。所以，对于那些规模和实力都不太强的中小企业来说，市场的这种间隙就是它们要努力开拓的生存空间；而如何在强手如林的夹缝中生存下来，就是这些中小企业经营策略的主导方向。通常情况下，他们需要跳出原本的经营理念，依据自身的特点，去开创自身特有的市场。

总而言之，当“智猪模式”运用在商业竞争中的时候，同样需要遵循一定的前提条件。当竞争对手间存在较大差异的时候，实力弱小的竞争者要对实力强劲者先观察，了解对手产品在市场中的定位以及市场占有率。与此同时，要对自己的情况和产品有清楚的认识，并制定出合理的经营理念，把自己产品的市场定位与对手错开，避免自己与强大对手的直接对抗，进而借助对手创造的市场为自己寻找机会。另外，自身实力雄厚的竞争者，如果确定竞争对手的实力与自己相差很多，那么就不必在竞争之初便耗费过多的资源和精力压制对方，只要时刻关注对方的发展，不对自己构成威胁即可。毕竟，“共荣发展、共享利益”才是智猪博弈模式最终达到的一种平衡。

第三节 奖励机制：拒绝搭便车

我们都知道，在实行改革开放的政策前，我国实行的是社会主义计划经济体制。这种经济体制虽然在新中国成立初期对国民经济的发展起到了推动作用，使人们的生活水平得到了提高。不过，到了后来这一体制明显束缚了我国经济的发展。是什么原因导致了这种情况的产生呢？最主要的因素就是在计划经济体制下实行的平均分配原则。无论干活多少，劳动所得都一样，这就严重挫伤了人们对工作的热情和积极性，让人们处在一种无所谓的状态，工作只是为了完成既定的任务，主动和创新精神更是无从提起了。

其实，早在春秋时期，纵横家的始祖——鬼谷先生王诩在《鬼谷子》一书中曾经说道："用赏贵信，用刑贵正。"即"赏信，则立功之士致命捐生；刑正，则受戮之人没齿无怨也"。也就是说，对于建立功绩的人，要给予赏赐，这会让他们更加勤奋，即便是丧失生命也在所不惜。对于那些做错事的人，即使用严厉的刑法进行惩戒，他们也不会怨恨。民间也有"无利不起早"这样的俗语。简单地说，奖励机制非常重要。

从现在众多的企业管理实践来看，很多企业在员工的管理与约束方面，并没有建立起完善合理的奖励机制。

例如，在某些企业中，不仅缺乏有效的培育人才、利用人才、吸引人才的机制，还缺乏合理的劳动用工制度、工资制度、福利制度，缺乏对员工有效的管理激励与约束措施。当企业发展顺利时，首先考虑的是资金投入、技术引进；当企业发展不顺利时，首先考虑的则是裁员和职工下岗，而不是想着如何开发市场以及激励职工去创新产品、改进质量与服务。

那究竟采用什么样的激励制度才能够有效驱动员工呢?

我们知道，“搭便车”是小猪的最优选择，这让小猪可以不费吹灰之力便获得食物。不过，这种情况源自“智猪模式”的限定条件，而在实际中，这是一种不太合理的情况。仅从社会资源的角度来看，小猪“搭便车”的行为正是资源不合理配置的表现。试想一下，如果小猪这种“搭便车”的现象在现实社会生活中是一种绝对合理、的确无疑的做法的话，那么势必造成一种结果，即大猪的数量逐渐减少，而小猪的数量则会越来越多。所以，我们可以说“智猪模式”对于资源的最优配置其实是不可取的。

作为一个管理者，无论其管辖范围的大小，或许大到一个国家，或许小到一个家庭，资源得到最佳配置是每一个管理者希望看到的结果。而且，通过智猪博弈模式，我们能够体会到奖励制度对企业的重要性。好的制度可以提高企业员工的工作效率，为企业增加效益。反之，不好的制度规则必定挫伤员工的工作积极性，给企业带来损失，甚至威胁到企业的生存。

于是，怎样杜绝“搭便车”现象，如何才能让小猪参与到竞争中来，自然成为管理者们想要破解的难题，也是管理者们制定奖励制度要考虑的核心问题。

以智猪模式为例，每次落在食槽中的食物数量和按钮距离食槽的路程是影响大猪和小猪进食多少的关键所在。那么，就让我们对这两个具有关键性因素的数据进行一些变动，看看改进后会出现什么情况，小猪“搭便车”的情况是否还依然存在。

假设按钮与食槽距离保持原样不动，那么从食物的数量入手，改进的方式有以下两种。

（1）减少食物的数量。将食物的数量减至原来的一半，即由原来的 10 份食物变为 5 份。如此一来，便会产生这样的情况：

假如大猪去碰触按钮，小猪会在大猪返回食槽前就吃完所有的食物，两者进食比例是 0∶5；

假如小猪去碰触按钮，大猪会在小猪返回前吃完所有的食物，则两者的进食比例是 5∶0。

也就是说，无论谁跑去碰触按钮，结果都是无法吃到食物。谁去碰触按钮就等同于将食物拱手让给对方，为对方服务，自己饿肚子。这样一来，大猪和小猪肯定谁也不愿意动弹，结果便是双双挨饿。看来，这不是一种好的改进方案。

（2）增加食物的数量。将每次落入食槽中的食物总量比原来增加一倍，即变为 20 份食物。这种改进方法为小猪和大猪都提供了充足的食物，不过，也正是由于这一点，无论大猪还是小猪，只要碰触按钮就可以让自己吃饱，不利于提高大猪小猪碰触按钮的积极性。这种不利于竞争、没有效率的改进方案也不是最好的改进方案。

增加食物和减少食物的改进方案都不符合我们的要求，不能再从食物量上面想办法，可以考虑在按钮与食槽之间的距离上动动脑子。下面便是几种改进方案。

（1）移动食槽位置并减少食物投放量。食物只有原来的一半分量，但同时将食槽与按钮之间的距离缩短。这样，谁碰到按钮之后便会第一时间吃掉落下的食物，而且每次的食物刚好吃完，不会产生浪费。与此同时，随着碰触按钮的次数增加，便会吃到更多的食物，对食物的不懈追求会刺激小猪和大猪抢着碰触按钮的积极性。所以，这一方案既降低了成本，也提高了其工作的积极性。

（2）移动食槽位置但不改变食物投放量。食槽与按钮之间的距离缩短后，跑去按按钮的劳动量必然减少，而且，在这种情况下，落入食槽中的食物即使不发生变化，食物的数量相对而言还算充足。那么，无论是大猪还是小猪都会去碰按钮，吃到的食物相应也会增多。不过，在提高积极性方面不如第一种方案。

（3）移动食槽位置并增加食物投放量。按照这种方案，大猪小猪都会碰按钮，也都会得到更多食物。吃得多长得快，快速达到出售的标准，自然会增加效益。只是这种做法存在一个问题，即成本的增加。这就给每次落下食物的分量提出了很高的要求，如果把握不好有可能造成浪费。所以，要想成功实施这种方案，存在一定的难度。

综合以上几种情况分析来看，显然移动食槽位置并减少食物投放量的方案既减少了成本，又刺激了大小猪的积极性，是最佳的改进方案。

现在，我们以一个具体的例子来进行一下分析。

一个软件公司的研发部门技术水平很高，该部门的工作人员个个都是技术高手。公司打算设计开发一款应用软件，经过市场调研，认为一旦开发成功，公司将会赢利5000万元。当然，如果研发工作失败，后果不必多说，必定连前期的投入都打了水漂。

在没有其他因素干扰的情况下，这个项目的成败就集中在了该部门人员的工作态度上。如果，他们的工作积极性不高，只是为了应付工作而工作，那么这个项目成功的概率必定下降，我们把这种状态下的成功概率假定为50%。只要他们全身心投入工作，自然能够提升该项目的成功概率，我们将这种状态下的成功概率假定为90%。

为了提高该部门员工的工作积极性，老板决定拿出一笔资金作为该部门人员的奖金。那么，这笔奖金的数额就是这次奖励是否能达到预期效果的关键。

从研发部门员工的角度来说，他们心中对老板发放奖金的数额自然有所期待。假设研发部门的员工认为，他们所能接受的奖金最低数额是400万元，心中的期待值是600万元的话，那么老板的奖金数额必须高于400万元才行。简单来说，就是老板奖励400万元，软件的成功率是50%；奖励600万元，软件的成功率是90%。

不过，软件公司老板的这种奖励机制是存在问题的。对于公司的老板来说，奖金属于该软件的制作成本。假如在软件还没完

成的时候，老板就发放了奖金，的确能够起到刺激员工认真工作的作用。但是，无论是奖励400万元，还是奖励600万元，软件的成功率都不是100%。一旦失败，老板所付出的这些奖金也会付之东流。

如此一来，老板必定会向员工许诺，在软件成功后发放奖金。假设奖金是400万元，那么只能保证员工会好好工作。奖金的数额对员工的刺激有限。假设奖金是600万元，那么员工们肯定会努力工作，全力以赴。

即便如此，老板仍然无法保证该部门的员工将竭尽所能，尽心尽力地完成该项目。那么，到底该采用怎样的奖励机制才能最大限度地发挥员工的能力呢？

我们常说“有奖有罚”。如果公司的老板以此制定奖励机制将会怎么样呢？

老板可能会制定出这样的规定：如果软件研发成功，研发部门将获得 800 万元的奖金，如果软件研发失败，那么研发部门将承担 100 万元的处罚。

从理论上来说，800 万元大大高出了员工的期望值，必定给员工的工作积极性带来很大的提升。如果研发失败，该部门的员工不仅拿不到额外的奖励，还要为自己的失败买单。这种奖励策略的确可以提高员工工作的热情和工作态度。不过，这就意味着，原本应由老板和公司本身承担的市场风险，其中的一部分以罚金的形式被转嫁到了员工的身上。这种做法不符合常理和实际情况，可行性只停留在理论层面上。

综上所述，该公司老板最合理的奖励方案是：技术部门的每一位员工分得公司股份的 1%，可在年底享受公司分红。另外，该项目研发成功后，技术部门整体将获得 600 万元的奖金。

这样的奖励方案，不仅调动了员工工作的积极性，又通过让员工持有公司的股份，把公司的命运以及可能承担的风险与员工自身的利益结合在一起。针对上述案例的具体情况，这个奖励方案是公司老板的最优选择。

由此，也让我们意识到，作为一个管理者在制定制度的时候，应当注意以下三点。

第一，奖励机制的奖励程度必须适当。如果奖励太多，就给员工们形成了一个太过于宽松的大环境，造成员工危机感的缺失。奖励太少，不仅起不到奖励的作用，甚至可能让员工产生埋怨和不满的情绪，得不偿失。所以，奖励机制的制定要把握奖励的合理程度，“不及”和“过了头”都不好。

第二，有赏有罚，赏罚分明。每个人都各有所长，工作能力有强有弱。作为公司的领导要及时发现自己下属员工的优缺点。对于员工的工作成绩要予以肯定和奖励，激发员工的工作热情。当然，对于那些工作不认真、不合格的员工也要及时发现，做出相应的处罚。

第三，奖励制度必须考虑成本。公司运营的目的就是赢利。对于员工的奖励同样属于公司的运营成本，如果只是一味注重奖励的效果，制定出不符合实际情况的奖励制度，既造成了资金上的无谓浪费，也给公司增加了成本上的负担。这种奖励制度无疑将不利于公司未来的发展。

第四节 学会“搭便车”

智猪博弈模式中有一种非常奇怪的现象，那就是小猪如果等着大猪去碰按钮，还能抢得一半食物吃。而如果是自己去碰按钮，反而没有食物吃。也就是劳动反而不如不劳动，既然如此，小猪的优势策略就是趴在一边，等着分享大猪的劳动成果，也就是“搭便车”。

“搭便车”是一种非常符合经济学理论的行为。而且，从某种程度上来说，实力稍弱的一方可以利用他人的强势，为自己服务，甚至最终获得凌驾于对手之上的结果。所以，当置身于“智猪模式”的博弈环境中时，“搭便车”就是极为明智的做法。像前文中提到的约翰逊公司就是通过搭佛雷公司的“车”获得了最终的成功。

事实上，这种行为在社会上并不少见。以现在的图书市场为例，我们通常会看到这样的现象，如果某本图书或是某种类型的图书比较畅销，在随后很短的时间内，市场上就会出现与该书内容相似或相近的图书。例如，《狼图腾》一书在图书市场出现销售火爆的情况后，《狼道》《狼性法则》等相关内容的书籍便纷纷出炉，争相登场。这种情况的出现并不能表明制作这类书籍的书商存在什么道德问题，毕竟从商业利益的角度来看，这种做法能让他们以最小的成本获取最大收益。对于这些书商来说，这是他们的最佳选择。

其实，就以获取利益为目的的营销者来说，“搭便车”是类似于坐收渔翁之利的营销策略。例如，四川的泸州老窖是国内白酒产品中位列前十名的名牌产品。不过在 20 多年前，泸州老窖也只是在四川省省内小有名气，远没有今天这样的知名度。

1987 年，在泰国曼谷召开了国际饮料食品展览会。泸州老窖系列产品中的特曲酒获得该届展览会的最高奖。3 年后，这款特曲酒又在第十四届巴黎国际食品博览会上，获得了中国白酒产品中唯一的金奖。泸州老窖酒厂抓住时机，借助这两次国际展销会的声望和影响，邀请了当时的一些领导人以及各界有影响力的知名人士参加在人民大会堂召开的正式庆祝活动。同时，在当时的条件下，还借助各种形式的媒体，以获得的国际奖项为由，加大对自己产品的宣传力度。一时间，泸州老窖的名字传遍了大江南北，成为驰名全国的产品。

对泸州老窖来说，只要质量过硬，必定能把自己的产品打入全国市场乃至国际市场，只是需要一定的时间罢了。但是，泸州老窖酒厂借助产品获得国际奖项的机会，不仅提早完成了扩展市场的目标，而且省时省力，在很短时间内就见到了成效。可谓成功运用“搭便车”这一策略的范例。

通常情况下，“搭便车”的行为多是实力稍弱者采用的策略。实力弱的小企业借助强势大企业的实力，经常可以通过很少的投入，获得较多的回报。有些时候，小企业不仅能和大企业收获相同的回报，甚至会出现收益更高的情况。在这种情况下，便会产生大企业被众多小企业拖垮的可能。大企业为了避免被小企业赶超或拖垮，必定不断提高自身产品的质量，加快技术的革新，制造出领先一步的新产品，抢先占领新市场。

在博弈中，“搭便车”的行为不仅限于实力存在差距的博弈者之间，即便是在博弈者实力相当的博弈中，这种策略也是可行的。例如，英特尔和AMD之间的博弈就是如此。

对于广大的普通消费者来说，人们更熟悉英特尔这个品牌。其实，那些真正从事电脑产业的人很清楚，AMD和英特尔一样，也是CPU产业中的佼佼者。两者在技术方面都具有强劲的实力，甚至在某些时候，AMD的技术实力更胜一筹。在CPU的更新换代上，两者之间的竞争从来都没有停止过。

最典型的就是CPU的规格从奔腾Ⅲ升级为奔腾Ⅳ。最先完成这一升级计划，推出奔腾Ⅳ处理器的并不是广大消费者熟知的英特尔，而是AMD。AMD在完成新一代处理器后，便立即投放市场，开始推销自己的最新产品。对于这种具有高科技的新产品来说，消费者不可能在产品刚刚上市的时候，就形成强劲的购买力。必须经过一段时间的了解，当消费者逐渐熟悉了新产品的功能和效用后，才可能在认知上认同新产品，从而形成购买欲望和热情。

在AMD的新处理器上市两个月，市场上刚刚形成一定购买力的时候，英特尔高调推出了自己的同类产品。消费者前期培养的购买热情转向了更新的英特尔。由此，AMD辛苦了几个月的宣传成果被英特尔“截取”了。

AMD虽然在技术领域与英特尔不相上下，但是在市场占有量上远不如英特尔。这是因为英特尔凭借着自身强大的资金优势，在产品的宣传上耗费了大量的时间和资金，以此在消费者心中确立了自己是该领域龙头老大的地位。即便拥有资金和市场份额的优势，英特尔并没有时时冲在前面，而是选择了做“智猪博弈”中的小猪，采用“搭便车”的策略。在前面的案例中，英特尔放手，让AMD率先进入市场。当AMD费心费力地把市场预热后，英特尔再凭借着自身的优势选择合适的机会入场，既节省了时间，又节省了产品前期宣传的投入，可谓一举两得。

“搭便车”策略的应用并不只限于商业竞争。在我们的人际交往和人生奋斗的过程中，同样可以使用“搭便车”的策略。

我们常常会听到这样的说辞：某某人之所以能够获得今天的成就，多亏当初有贵人相助。所谓的“贵人”就是在我们进行个人奋斗的过程中，会碰到这样一类人——他们有丰富的人生阅历，或是拥有充足的资金，或是拥有渊博的知识。当我们困惑的时候，他们给我们指明了前进的方向；当我们举步维艰的时候，他们伸出援手帮助我们摆脱困境。这种情况就是我们常说的得到了“贵人相助”。

从某种角度上来说，得到“贵人相助”也是“搭便车”的一种形式。我们或是借助他人的力量，或是借助他人的名望，来缩短个人奋斗的历程。有一种比喻能够非常形象地表明这种关系：“一个人的奋斗历程就像是在爬楼梯，一步一个脚印地向上攀登。然而，贵人的出现则像乘上了电梯。”

第六章
猎鹿博弈

第一节　猎鹿模式：选择吃鹿还是吃兔

猎鹿博弈最早可以追溯到法国著名启蒙思想家卢梭的《论人类不平等的起源和基础》。在这部伟大的著作中，卢梭描述了一个个体背叛对集体合作起阻碍作用的过程。后来，人们逐渐认识到这个过程对现实生活所起的作用，便对其更加重视，并将其称为“猎鹿博弈”。

猎鹿博弈的原型是这样的：从前的某个村庄住着两个出色的猎人，他们靠打猎为生，在日复一日的打猎生活中练就出一身强大的本领。一天，他们两个人外出打猎，可能是那天运气太好，进山不久就发现了一头梅花鹿。他们都很高兴，于是就商量要一起抓住梅花鹿。当时的情况是，他们只要把梅花鹿可能逃跑的两个路口堵死，那么梅花鹿便成为瓮中之鳖，无处可逃。当然，这要求他们必须齐心协力，如果他们中的任何一人放弃围捕，那么梅花鹿就能够成功逃脱，他们也将会一无所获。

正当这两个人在为抓捕梅花鹿而努力时，突然一群兔子从路上跑过。如果猎人之中的一人放弃猎鹿去抓兔子，那么他可以抓到 4 只兔子，而另一人因为失去了围捕梅花鹿的合作伙伴，会一无所获。由所得利益大小来看，一只梅花鹿两人分吃可以吃 10 天，1 只兔子够 1 个人吃 1 天。这场博弈的矩阵图表示如下：

		猎人乙	
		猎兔	猎鹿
猎人甲	猎兔	（4，4）	（4，0）
	猎鹿	（0，4）	（10，10）

第一种情况：两个猎人都抓兔子，结果他们都能吃饱 4 天，如图左上角所示。

第二种情况：猎人甲抓兔子，猎人乙打梅花鹿，结果猎人甲可以吃饱 4 天，猎人乙什么都没有得到，如图右上角所示。

第三种情况：猎人甲打梅花鹿，猎人乙抓兔子，结果是猎人乙可以吃饱 4 天，猎人甲一无所获，如图左下角所示。

第四种情况：两个猎人精诚合作，一起抓捕梅花鹿，结果两个人都得到了梅花鹿，都可以吃饱 10 天，如图右下角所示。

经过分析，我们可以发现，在这个矩阵中存在着两个“纳什均衡”：要么分别打兔子，每人吃饱 4 天；要么选择合作，每人可以吃饱 10 天。在这两种选择之中，后者对猎人来说无疑能够取得最大的利益。这也正是猎鹿博弈所要反映的问题，即合作能够带来最大的利益。

在犹太民族中广泛流传的一个故事就能够很好地反映这个问题。

两个小孩子无意之中得到一个橙子，但在分配问题上产生了很大的分歧，经过一番激烈的争论之后，他们最后决定把橙子一分为二。这样，两个孩子都得到了橙子，各自欢欢喜喜地回家去了。回到家中，一个孩子把得到的半个橙子的果肉扔掉，用橙子皮做蛋糕吃。而另一个孩子则把橙子皮扔掉，只留下果肉榨汁喝。

在这个故事中，两个孩子都得到了橙子，表面看起来是一个非常合理的分配，但是两个孩子一个需要果肉，一个需要果皮，如果他们事先能够进行良好的沟通，不就能够得到比原来更多的东西吗？也就是说，原本橙子的一半可以得到很好的利用，可是因为当事人缺乏良好的沟通，最后造成资源的浪费，而那两个孩子也没有得到最大的利益。

这种由于人们争持不下而造成两败俱伤的事情在现实生活中所在多有，归结其原因，主要在于每个人都是独立的个体，在决策时只从自身的利益出发进行考虑，与别人缺少必要的沟通和协调。此外，他们不懂得合作更能够实现利益最大化的道理。

在现实生活中，凭借合作取得利益最大化的事例一样比比皆是。先让我们来看一下阿姆卡公司走合作科研之路击败通用电气和西屋电气的故事。

在阿姆卡公司刚刚成立之时，通用电气和西屋电气是美国电气行业的领头羊，它们在整体实力上要远远超过阿姆卡公司。但是，中等规模的阿姆卡公司并不甘心臣服于行业中的两大巨头，而是积极寻找机会打败它们。

阿姆卡公司秘密搜集来的商业信息情报显示，通用和西屋都在着手研制超低铁省电矽钢片这一技术，从科研实力的角度来看，阿姆卡公司要远远落后于那两家公司，如果选择贸然投资，结果必然损失惨重。此时，阿姆卡公司通过商业情报了解到，日本的新日铁公司也对研制这种新产品产生了浓厚的兴趣，更重要的是它还具备最先进的激光束处理技术。于是，阿姆卡公司与新日铁公司合作，走联合研制的道路，比原计划提前半年研制出低铁省电矽钢片，而通用和西屋电气研制周期却要长了至少一年。正是这个时间差让阿姆卡公司抢占了大部分的市场，这个中等规模的小公司一跃成为电气行业一股重要的力量。与此同时，它的合作伙伴也获得了长足的发展。2000年，阿姆卡公司又一次因为与别人合作开发空间站使用的特种轻型钢材，获得了巨额的订单，从而成为电气行业的新贵，通用和西屋这两家电气公司被它远远地甩在了身后。

在这个故事中，阿姆卡公司正是选择了与别人合作才打败了通用电气和西屋电气，从而使它和它的合作伙伴都获得了利益。如果阿姆卡在激烈的竞争中没有选择与别人合作，那么凭借它的实力，要想在很短的时间内打败美国电气行业的两大巨头，简直比登天还难。而日本新日铁公司尽管拥有技术上的优势，但是仅凭它自己的力量，想要取得成功也是相当困难的。

包玉刚与李嘉诚合作，成功从怡和洋行手中抢过九龙仓的故事也说明了合作能够给双方带来最大利益。

“九龙仓”是香港最大的英资企业集团之一，也是香港四大洋行之首怡和洋行旗下的主力军。可以说，谁掌握了九龙仓，就等于将香港大部分的货物装卸和储运任务揽入怀中，从中可以获得巨大的利益。香港商业巨子包玉刚凭借投资建造大型油轮而成为著名的“世界船王”，在海洋上的成功并没有让包玉刚得到满足，所以他决定把事业逐步转移到陆地上来。他把一部分财产投资在当时形势非常好的几大产业上面。但是，这只是包玉刚弃船登陆迈出的一小步，真正的大手笔是他与英国资本集团展开的九龙仓之战。

当时的形势对包玉刚有些不利，因为财大气粗的李嘉诚是九龙仓十大财团之首。包玉刚从怡和洋行夺得九龙仓本来就非常困难，如果再有李嘉诚的掣肘，那必然难上加难。但是，当时李嘉诚正在应对别人争夺“和记黄埔”之事，无法分身处理九龙仓之事，这正为包玉刚成功抢夺九龙仓提供了有利条件。包玉刚对

当时的形势进行了一番仔细的研究和分析，他认为仅凭自己的实力，硬拼非但无法得到满意的结果，反而可能对自己造成极大的伤害。他发现李嘉诚正纠缠于“和记黄埔”之事，于是就想到：如果我帮助李嘉诚顺利解决“和记黄埔”一事，他再帮我成功抢下九龙仓，这对双方来说不是一件两全其美的好事吗？想到这里，他就决定主动与李嘉诚寻求合作。

为了向李嘉诚示好，包玉刚主动抛出“和记黄埔”的 9000 万股股票。李嘉诚得到包玉刚的帮助后实力大增，最后成功地夺下了“和记黄埔”。李嘉诚没有白白接受包玉刚的恩惠，他把自己的 2000 万股九龙仓股票转让给了包玉刚。在李嘉诚的帮助下，包玉刚属下的隆丰国际有限公司已经实际控制了约 30%的九龙仓股票。他的竞争对手，怡和财团下属的另一个主力置地公司手中股票份额不及隆丰国际有限公司。这也就表示包玉刚在与怡和洋行的对抗中取得了阶段性的胜利。但是，怡和财团并不甘心丢掉“九龙仓”，所以急忙制定出相应的措施，想用重金收购“九龙仓”股票的方式逼走包玉刚。包玉刚对此早有防范，所以轻而易举地击退了怡和财团的反扑，顺利地夺下“九龙仓”。

在这个故事里，包玉刚打败怡和洋行，在很大程度上取决于与李嘉诚的合作。同样，李嘉诚也因为包玉刚的帮助，成功地保住了“和记黄埔”。如果包玉刚不和李嘉诚合作，那么凭他自己的力量是无法与怡和洋行对抗的。李嘉诚因得到包玉刚的帮助而成功拿下“和记黄埔”，也从中获得了收益。这个故事体现出一个非常深刻的道理，只有合作才能够使双方得到利益最大化。

第二节 合作无界限

在一个小溪的旁边，长有三丛花草，有三群蜜蜂分别居住在这三丛花草中。有一个小伙子来到小溪边，他看到这几丛花草，认为它们没有什么用处，于是打算将它们铲除干净。

当小伙子动手铲第一丛花草的时候，一大群蜜蜂从花丛之中冲了出来，对着将要毁灭它们家园的小伙子大叫说："你为什么要毁灭我们的家园，我们是不会让你胡作非为的。"说完之后，有几个蜜蜂向小伙子发起了攻击，把小伙子的脸蜇了好几下。小伙子被激怒了，他点了一把火，把那丛花草烧了个干干净净。几天后，小伙子又来对第二丛花草下手。这次蜜蜂们没有用它们的方式反抗小伙子，而是向小伙子求起了情。它们对小伙子说："善良的人啊！你为什么要无缘无故地伤害一群可怜的生物呢？请你看在我们每天为您的农田传播花粉的分上，不要毁灭我们的家园吧！"小伙子并不为所动，仍然放火烧掉了那丛花草。又过了几天，当小伙子准备对第三丛花草进行处理的时候，蜂窝里的蜂王飞出来对他温柔地说道："聪明人啊，请您看看我们的蜂窝，我们每年都能生产出很多蜂蜜，还有极具营养价值的蜂王浆，如果你拿到市场上去卖，一定会卖个好价钱。如果您将我们所住的这丛花草铲除，那么您能得到什么呢？您是一个聪明人，我相信您一定会做出正确的决定。"小伙子听完蜂王的话，觉得它讲得很有道理，于是就放下手里的工具，做起了经营蜂蜜的生意。

在这个故事中，蜜蜂与小伙子之间是一场事关生死的博弈。三丛花草的三种蜜蜂各自用不同的方法来对待小伙子，第一种是对抗，第二种是求饶，第三种是与其合作。这个故事最后的结果显示，只有采取与小伙子合作策略的蜜蜂最终幸免于难。

通过这个故事我们可以看出，如果博弈的结果是“负和”或者“零和”，那么一方获得利益就意味着另一方受到损失或者双方都受到损失，这样的结果只能是两败俱伤。所以，人们在生存的斗争中必须学会与对方合作，争取实现双赢。

我们大家去商场或者其他地方买东西，一定见过商家在节假日进行联合促销。联合促销是指两家或者两家以上的企业在市场资源共享、互惠互利的基础上，共同运用一些手段进行促销活动，以达到在竞争激烈的市场环境中优势互补、调节冲突、降低消耗，最大限度地利用销售资源为企业赢得更高利益而设计的新的促销范式，在人们的创造性拓展中正成为现实而极具吸引力的促销策略之一。

联合促销可以分为三类：第一类是经销商与生产厂家的纵向联合促销。长虹与国美“世界有我更精彩”联合促销就是这样一个方式。2002 年 5 月，长虹电器股份有限公司联合北京国美电器商场，在翠微商厦举办“世界有我更精彩”大型促销活动。在这次活动中，主办双方为了吸引更多的顾客，精心安排了丰富多彩的内容。主要包括三个方面：长虹集团公司主要领导人在现场签名售机；买大型家电送精美礼品；专家现场讲解。生产厂家与经销商是同一个战线的兄弟，在共同利益的驱使下，很容易走到一起。特别是在促销这一个环节上更容易达成共识，从而采取联合行动。长虹电器与国美虽然都是行业的领头羊，但是各自为战显然没有联合起来更能使其利益最大化。

联合促销的第二类是同一产品的不同品牌的联合促销，科龙、容声、美菱、康拜恩等几个品牌的联合促销就属于这一类。2003年的国庆节前夕，科龙、美菱传出消息说，将开展一场名为“战斧行动”的冰箱联合促销活动。在活动期间，科龙、美菱联手推出特价畅销型号冰箱。在对待经销商促销方面，科龙、容声、美菱、康拜恩等4个冰箱品牌在渠道上采取“同进同出”策略。在利益面前，多数经销商把目光投放到科龙和美菱的产品，对其他品牌采取兼营的策略，而对那些毫无利益可言的小品牌则直接放弃。在终端方面，科龙和美菱的现场推广活动在一起进行，双方的导购人员和业务人员，在大力推广自己产品的时候，也适时地对盟友的产品进行推广。同一企业的不同品牌的产品，更容易形成品牌合力，也更容易获得利益。

联合促销的第三类是企业与企业之间的横向联合促销。企业之间的联合促销更容易吸引顾客，也更容易降低销售成本。2002年8月5日，生产播放器软件的企业豪杰公司与杭州娃哈哈集团合作进行联合促销。这两家企业在两个不同的市场进行了一场“超级解霸·冰红茶/超级享受，清心一夏，联合促销活动”。豪杰公司为推广新产品，还特别与娃哈哈冰红茶进行捆绑销售。作为回报，豪杰公司的产品被用作娃哈哈饮料暑期有奖促销的重要奖项，购买一定数量的娃哈哈茶饮料将能够获赠豪杰公司的产

品。这两家企业，一个是中国饮料行业的龙头，另一个是中国软件行业的先锋，它们的合作开创了中国企业跨行业营销的先河。在双方合作过程中，这两家企业把多年积累的优势资源进行叠加，这不但使两家企业获得了利益，而且使得目前的中国饮料市场与中国软件市场向着良好的趋势发展。如果豪杰公司与娃哈哈只是单独促销，而没有进行联合促销的话，那么双方所需要支付的费用肯定要多很多。付出的成本多了，自然也就无法实现企业要达到的利益最大化的目的。

除了联合促销，很多有实力的企业为获得更大的品牌效应，甚至还搞起了强强联合。金龙鱼与苏泊尔的合作就是一个这样的例子。无论是金龙鱼还是苏泊尔，大家一定对它们非常熟悉。金龙鱼是一个著名的食用油品牌，多年来，金龙鱼一直将改变国人的食用油健康条件作为奋斗目标。而苏泊尔是中国炊具第一品牌，与金龙鱼一样，它也一直在倡导新的健康烹调观念。一个是中国食用油第一品牌，一个是中国炊具第一品牌，这两家企业为了获得更大的品牌效应，联合推出了“好油好锅，引领健康食尚”的活动。这一活动受到了广大消费者的好评，在全国800多家卖场掀起了一场销售风暴。在“健康与烹饪的乐趣”这一合作基础上，金龙鱼与苏泊尔共同推出联合品牌，在同一品牌下各自进行投入，这样双方既可避免行业差异，更好地为消费者所接受，又可以在合作时通过该品牌进行关联。

在这次合作中，苏泊尔、金龙鱼的品牌效应得到了提升，同时也降低了市场成本：金龙鱼扩大了自己的市场份额，品牌美誉度有了进一步提升；苏泊尔则进一步巩固了中国厨具第一品牌的市场地位。这种双赢局面正是两家企业合作带来的结果。

第三节 夏普里值方法

博弈论的奠基人之一夏普里在研究非策略多人合作的利益分配问题方面有着很高的造诣。他创作的夏普里值方法对解决合作利益分配问题有很大的帮助，是一种既合理又科学的分配方式。与一般方法相比，夏普里值方法更能体现合作各方对联盟的贡献。自从问世以来，夏普里值方法在社会生活的很多方面都得到了运用，像费用分摊、损益分摊这种比较难以解决的问题都可以通过夏普里值方法来解决。

夏普里值方法以每个局中人对联盟的边际贡献大小来分配联盟的总收益，它的目标是构造一种综合考虑冲突各方要求的折中的效用分配方案，从而保证分配的公平性。

用夏普里值方法解决合作利益分配问题时，需要满足以下两个条件：第一，局中人之间地位平等；第二，所有局中人所得到的利益之和是联盟的总财富。

下面让我们用一个小故事来加深对夏普里值方法的理解。

在一个周末，凯文与保罗一起到郊外游玩。他们两个人都带了午餐，打算在中午休息时享用。玩了一个上午，他们把各自的午餐拿出来，准备大快朵颐。但他们发现，两个人所带的都是比萨饼，只是数量不同而已。凯文带了 5 块，而保罗只带了 3 块。正当他们拿起比萨准备大吃的时候，有一个像他们一样出来游玩的人凑了过来，原来他没有带食物，而且附近又实在找不到饭馆，他看到凯文和保罗所带的食物比较多，就想和他们一起吃。凯文和保罗都是好心人，他们了解情况后就很痛快地答应那个人和他们一起享用比萨。因为饥饿的缘故，8 块比萨很快被他们 3 个人一扫而光。那个游人为了表示自己的谢意，临走之前特意给了凯文和保罗 8 枚金币。

凯文和保罗虽然是非常好的朋友，但是 8 枚金光闪闪的金币就让他们的友情变成了笑话。在金钱面前，他们都表现得相当自私，谁也没有顾及友情。他们互不相让，凯文认为自己带了 5 块比萨，而保罗只带了 3 块，按照比例来分，保罗只能得到 3 枚金币，而自己应该得到 5 枚金币。保罗认为凯文的分配方法有问题，他觉得比萨是两个人带来的，所以 8 枚金币也应该由两个人平分才对。他们两个人各执己见，吵了很长时间也没吵出个结果。最后，凯文提议去找夏普里帮忙解决这个问题，保罗听后欣然同意了。

在听过两个小家伙的叙述后，夏普里摸了摸保罗的头，用温和的语气对他说道："你得到 3 个金币已经占了很大的便宜，你应该高高兴兴地接受才对。如果你一定要追求公平的话，那你应该只得到一个金币才对。你的朋友凯文应该得到 7 个金币而不是 5 个。"保罗听后十分不解地看着夏普里，他想：这是怎么回事啊？我的做法有什么错吗？难道夏普里有意要偏袒凯文不成？

夏普里看出了保罗的困惑，就十分耐心地说："孩子，我知道你在想什么，但是请你相信我，让我来给你分析一下你就会明白了。首先，我们必须明白，公平的分配并不能和平均分配划等号，公平分配的一个重要标准就是当事人所得到的与他所付出的成一定比例。你们 3 个人一共吃了 8 块比萨，8 块之中有你 3 块，有凯文 5 块。你们每个人都吃了 8 块比萨之中的三分之一，也就是 8/3 块比萨。在那个游人所吃的 8/3 块中，凯文带的比萨为 5–8/3 ＝ 7/3，而你带的比萨为 3–8/3 ＝1/3。这个比例显示，在游人所吃的比萨中，凯文的是你的 7 倍。他留下来 8 枚金币，凯文得到的金币也应该是你的 7 倍，也就是说，凯文应该得到 7 枚金币，而你只能得到 1 枚。这才是公平合理的分配方法。你觉得我说的对不对？”

保罗听到后仔细地想了一会儿，他觉得夏普里的分析很有道理，于是就接受了夏普里的分配方法，自己只拿了 1 枚金币，而剩下的 7 枚都给了凯文。

这个故事里所讲的夏普里对金币的公平分配法就是我们在前面提到过的夏普里方法，它的核心是付出与收益成比例。

下面再让我们看一个 7 人分粥的故事。

有一个老板长期雇用 7 个工人为其打工，这 7 个工人因为长时间生活在一起，所以就形成了一个共同生活的小团体。在这个小团体里，7 个人的地位都是平等的，他们住在同一个工棚里面，干同样的活，吃同一锅粥。他们在一起表面看起来非常和谐，但其实并非如此。比如在一锅粥的分配问题上他们就会闹矛盾：因为他们 7 个人的地位是平等的，所以大家都要求平均分配，可是，每个人都有私心，都希望自己能够多分一些。因为没有称量用具和刻度容器，所以他们经常会发生一些不愉快的事情。为了解决这个问题，他们试图采取非暴力的方式，通过制定一个合理的制度来解决这个问题。

他们7个人充分发挥自己的聪明才智，试验了几个不同的方法。总的来看，在这个博弈过程中，主要有下列几种方法。

第一种方法：7个人每人一天轮流分粥。我们在前面讲过，自私是人的本性，这一制度就是专门针对自私而设立的。这个制度承认了每个人为自己多分粥的权力，同时也给予了每个人为自己多分粥的平等机会。这种制度虽然很平等，但是结果并不尽如人意，他们每个人在自己主持分粥的那天可以给自己多分很多粥，有时造成了严重的浪费，而别人有时候因为所分的粥太少不得不忍饥挨饿。久而久之，这种现象越来越严重，大家也不再顾忌彼此之间的感情，当自己分粥那天，就选择加倍报复别人。

第二种方法：随意由一个人负责给大家分粥。但这种方法也有很多弊端，比如那个人总是给自己分很多粥。大家觉得那个人过于自私，于是就换另外一个人试试。结果新换的人仍旧像前一个人一样，给自己分很多粥。再换一个人，结果仍是如此。因为分粥能够享受到特权，所以7个人相互钩心斗角，不择手段地想要得到分粥的特权，他们之间的感情变得越来越坏。

第三种方法：由7个人中德高望重的人来主持分粥。开始，那个德高望重的人还能够以公平的方式给大家分粥，但是时间一久，那些和他关系亲密、喜欢拍他马屁的人得到的粥明显要比别人多一些。所以，这个方法很快也被大家给否定了。

第四种方法：在7个人中选出一个分粥委员会和一个监督委员会，形成监督和制约机制。这个方法最初显得非常好，基本上能够保障每个人都能够公平对待。但是之后又出现了一个新的问题，当粥做好之后，分粥委员会成员拿起勺子准备分粥时，监督委员会成员经常会提出各种不同的意见，在这种情况下，他们谁也不服从谁。这样的结果是，等到矛盾得到调解，分粥委员会成员可以分粥时，粥早就凉了。所以事实证明，这个方法也不是一个能够解决问题的好方法。

第五种方法：只要愿意，谁都可以主持分粥，但是有一个条件，分粥的那个人必须最后一个领粥。这个方法与第一种方法有些相似，但效果非常好。他们 7 个人得到的粥几乎每次都一样多。这是因为分粥的人意识到，如果他不能使每个人得到的粥都相同，那么毫无疑问，得到最少的粥的那个人就是他自己。这个方法之所以能够成功，就是利用了人的利己性达到利他的目的，从而做到了公平分配。

在这个故事中，有几个问题是我们不得不注意的。第一，在分配之前需要确定一个分配的公平标准。符合这个标准的分配就是公平的，否则便是不公平的。第二，要明确公平并不是平均。一个公平的分配是，各方之所得应与其付出成比例，是其应该所得的。

由“分粥”最终形成的制度安排中可以看出，靠制度来实现利己利他绝对的平衡是不可能的，但是一个良好的制度至少能够有效地抑制利己利他绝对的不平衡。

良好的制度能够保障一个组织正常的运行，因为它能够产生一种约束力和规范力，在这种约束力和规范力面前，其成员的行为始终保持着有序、明确和高效的状态，从而保证了组织的正常运行。

第七章

枪手博弈

第一节　谁能活下来?

在博弈论的众多模式中，有一个模式可以被简单概括为“实力最强，死得最快”。这就是“枪手博弈”。

该博弈的场景是这样设定的。

有三个枪手，分别是甲、乙、丙。三人积怨已久，彼此水火不容。某天，三人碰巧一起出现在同一个地方。三人在看到其他两人的同时，都立刻拔出了腰上的手枪。眼看三人之间就要发生一场关乎生死的决斗。

当然，枪手的枪法因人而异，有人是神枪手，有人枪法特差。这三人的枪法水平同样存在差距。其中，丙的枪法最烂，只有40%的命中率；乙的枪法中等，有60%的命中率；甲的命中率为80%，是三人中枪法最好的。

接下来，为了便于分析，我们需要像裁判那样为三人的能力设定一些条件。假定三人不能连射，一次只能发射一颗子弹，那么三人同时开枪的话，谁最有可能活下来呢?

在这一场三人参与的博弈中，决定博弈结果的因素很多，枪手的枪法，所采用的策略，这些都会对博弈结果产生影响，更何况这是一个由三方同时参与的博弈。所以，不必妄加猜测，让我们来看看具体分析的情况。

在博弈中，博弈者必定根据对自己最有利的方式来制定博弈策略。那么，在这场枪手之间的对决中，对于每一个枪手而言，最佳策略就是除掉对自己威胁最大的那名枪手。

对于枪手甲来说，自己的枪法最好，那么，枪法中等的枪手乙就是自己的最大威胁。解决乙后，再解决丙就是小菜一碟。

对于枪手乙来说，与枪手丙相比，枪手甲对自己的威胁自然是最大的。所以，枪手乙会把自己的枪口首先对准枪手甲。

再来看枪手丙，他的想法和枪手乙一样。毕竟，与枪手甲相比，枪手乙的枪法要差一些。除掉枪手甲后，再对准枪手乙，自己活下来的概率总会大一些。所以，丙也会率先向枪手甲开枪。

这样一来，三个枪手在这一轮的决斗中的开枪情况就是：枪手甲向枪手乙射击，枪手乙和枪手丙分别向枪手甲射击。

按照概率公式来计算的话，三名枪手的存活概率分别是：

甲 =1–p（乙+丙）=1–［p（乙）+ p（丙）–p（乙）p（丙）］=0.24

乙 =1–p 甲 =0.2

丙 =1–0=1

也就说，在这轮决斗中，枪手甲的存活率是 0.24，也就是 24%。枪手乙的存活率是 0.2，即 20%。枪手丙因为没有人把枪口对准他，所以他的存活率最高，是 1，即 100%。

我们知道，人的反应有快有慢。假设三个枪手不是同时开枪的话，那么情况会出现怎样的变化呢?

同样还是每人一次只能发射一颗子弹，假定三个枪手轮流开枪，那么在开枪顺序上就会出现三种情况。

（1）枪手甲先开枪。按照上面每个枪手的最优策略，第一个开枪的甲必定把枪口对准乙。根据甲的枪法，会出现两个结果，一是乙被甲打死，接下来就由丙开枪。丙会对着甲开枪，甲的存活率是 60%，丙的存活率依然是 100%。另一种可能是乙活了下来，接下来是由乙开枪，那么甲依旧是乙的目标。无论甲是否被乙杀死，接下来开枪的是丙。丙的存活率依然是 100%。

（2）枪手乙先开枪。和第一种情况几乎一样，枪手丙的存活率依然是最高的。

（3）枪手丙先开枪。枪手丙可以根据具体情况稍稍改变自己的策略，选择随便开一枪。这样下一个开枪的是枪手甲，他会向枪手乙开枪。这样一来，枪手丙就可以仍然保持较高的存活率。如果枪手丙依然按原先制定的策略，向枪手甲射击，就是一种冒险行为。因为如果没有杀死甲，枪手甲会继续向枪手乙开枪。如果杀死了枪手甲，那么接下来的枪手乙就会把枪口对准枪手丙。此时，丙的存活率只有 40%，乙便成了存活率最高的那名枪手。

在现实生活中，最能体现枪手博弈的就是赤壁之战。当时，魏蜀吴三方势力基本已经形成。三方势力就相当于三个枪手。其中，曹操为首的魏国实力最强，相当于是枪手甲。孙权已经占据了江东，相当于实力稍弱的枪手乙。暂居荆州的刘备实力最弱，相当于枪手丙。当时，曹操正在北方征战，无暇南顾，三家相安无事。

公元 208 年，曹操统一了北方后，决定南征。关系三家命运的决战就此开始。对于曹操来说，东吴孙权的实力较强，对自己的威胁最大，自然要先对东吴下手。于是，曹操在接受了投降自己的荆州水军后，率大军向东，直扑东吴而来。

此时，对于被曹操追得无处安身的刘备来说，最佳的策略就是与东吴联手，才能有一线存活的希望。曹操在实力上强于孙权，如果孙权战败，下一个遭殃的就是自己。如果孙权侥幸获胜，灭掉了曹操，那么待东吴休养生息后，必定要拿自己开刀。所以，诸葛亮前往江东，舌战群儒，让两家顺利结盟。

一旦孙刘两家结成联盟，东吴意识到自己不拼死一战，就可能再无存身之所，自然积极备战，在赤壁之战中承担了主要的战争风险。而刘备也借此暂时获得了休养生息的机会，为日后入主四川积蓄了力量。

其实，枪手博弈是一个应用极为广泛的多人博弈模式。它不仅被应用于军事、政治、商业等方面，就连我们日常生活中也可以看到枪手博弈的影子。通过这个博弈模式，我们可以深刻地领悟到，在关系复杂的博弈中，比实力更重要的是如何利用博弈者之间的复杂关系，制定适合自己的策略。只要策略得当，即使是实力最弱的博弈者也能成为最终的胜利者。

第二节 寻找自己的优势策略

通过枪手博弈，我们了解到在关系复杂的博弈中，博弈者采用的策略将会直接影响博弈的结果。所以，枪手博弈可以看作一种策略博弈。

对于策略博弈来说，最显著的特点就是博弈的情况会根据博弈者采取的策略而发生变化。博弈者为了获得最终的胜利，彼此之间会出现策略的互动行为。这就导致博弈者所采用的策略与策略之间，彼此相互关联，形成“相互影响、相互依存”的情况。

在通常情况下，这种策略博弈有两种形式。一种是“simultaneous-move game”，即同时行动博弈。在这种博弈中，博弈者往往会根据各自的策略同时采取行动。因为博弈者是同时出招，博弈者彼此之间并不清楚对方会采用何种策略。所以，这种博弈也被称作一次性博弈。

很多人读过美国作家欧·亨利的短篇小说《麦琪的礼物》。故事讲述了一对穷困潦倒的小夫妻之间相互尊重、相互关心的爱情故事。

这对新婚不久的小夫妻虽然过着比较清苦的生活，除了日常生活的开销，再没有多余的闲钱。但是当圣诞节来临的前夕，彼此都在暗地里筹划，希望能给对方准备一件珍贵的礼物。于是，妻子狠心剪去了自己美丽的金色长发，换取了20美元，买了一条表链，来配丈夫的祖传金表。与此同时，丈夫卖了自己的金表，为妻子引以为傲的金色长发换取了一套精美的发饰。

结果，两人都为了对方，极不理智地牺牲了各自最宝贵的东西。两人精心准备的礼物都变成了没有使用价值的无用之物。

当然，我们从这个故事中体会到了两个主人公之间无私的爱。现在，我们抛开其中的人文气息，用博弈论的观点来重新看这个故事。

在这个故事中，妻子和丈夫可以分别被看作参与博弈的双方。双方的目的是准备一份最好的圣诞礼物。于是，妻子和丈夫都开始制定各自的行动策略。妻子的策略是出卖自己的长发。丈夫的策略是出卖自己祖传的金表。两人交换礼物就相当于同时出招，在此之前，妻子不知道丈夫的策略，丈夫也不知道妻子的策略。当两人同时拿出礼物后，博弈结束。所以说，这个故事其实

就是一场同时行动的博弈。

策略博弈的另一种形式是“sequential game”，即序贯博弈，也被称作相继行动的博弈。棋类游戏是这种博弈形式最形象也最贴切的表现。

拿围棋来说，两个人一前一后，一人一步地进行博弈。通常情况下，我们在走自己这步棋的时候，就在估算对方接下来的举动，然后会思考自己如何应对。就这样一步接一步地推理下去，形成一条线性推理链。

简而言之，对于参与序贯博弈的博弈者来说，制定策略时需要“向前展望，向后推理”。就像《孙子兵法》中所说的，“势者，因利而制权也”。要根据对方的决策，制定出对自己有利的策略。

商家在进行博弈的时候，经常采用的策略就是在价格上做文章。《纽约邮报》和《每日新闻》两家报纸就曾经在报纸售价上进行过一场较量。

在较量开始前，《纽约邮报》和《每日新闻》单份报纸的售价都是40美分。由于成本的增加，《纽约邮报》决定把报纸的售价改为50美分。

《每日新闻》是《纽约邮报》的主要竞争对手，在看到《纽约邮报》提高了单份报纸的售价后，《每日新闻》选择了不调价，每份报纸仍然只售出40美分。不过，《纽约邮报》并没有立即做出回应，只是继续观望《每日新闻》接下来的举动。《纽约邮报》原以为要不了很长时间，《每日新闻》必定跟随自己也提高报纸的售价。

出乎意料的情况是,《纽约邮报》左等右等，就是不见《每日新闻》做出提高售价的举动。在此期间,《每日新闻》不仅提高了销量，还增添了新的广告客户。相应的,《纽约邮报》因此造成了一定的损失。

于是,《纽约邮报》生气了，决定对《每日新闻》的做法予以回击。《纽约邮报》打算让《每日新闻》意识到，如果它不能及时上调价格，与自己保持一致的话，那么，自己就要进行报复，与其展开一场价格战。

不过，稍有商业知识的人都知道，如果真的展开一场价格战，即便能够压倒对方，达到自己的目的，自己也要付出一定的代价。最危险的结果会是双方都没占到便宜，反而让第三方获益。经过再三思量,《纽约邮报》采取的策略是把自己在某一地区内的报纸售价降为 25 美分。

这是《纽约邮报》向《每日新闻》发出的警告信号，目的是督促对方提高售价。这种做法非常聪明，既让对方感到了自己释放出的威胁，又把大幅度降价给自己带来的损失降到了最低程度。

其实，无论是博弈者同时出招的一次性博弈，还是博弈者相继出招的序贯博弈，博弈者都要努力寻找对自己最有利的策略。

我们在前面曾经提到过，如果博弈者拥有优势策略，那么就可以完全不必顾忌其他对手，只要按照优势策略采取行动就好。因为，无论你选择其他什么样的策略，得到的最终结果都不会超过优势策略得到的结果。所以，尽管放心大胆地使用。

如果你没有优势策略，又该怎么办呢？那就站在对方的角度上进行分析，确定对方的最优策略。然后，你就可以根据对方的这条最优策略来制定自己的应对之策。而且，这条策略就是你的最佳策略。

当然，这些分析都只是基于理论，博弈的实际情况可能更为复杂，但是掌握其中的一些规律，往往会有利于我们应对具体的博弈情况，有据可循。总而言之，在策略博弈中，博弈者的首要任务就是寻找属于自己的优势策略。

第三节　胜出的不一定是最好的

1894 年，中日之间爆发了著名的甲午海战，日本海军全歼北洋水师。清政府被逼向日本支付巨额的赔款，并割让领土委屈求和。清政府的财政就此崩溃，开始向西方大国借债度日。

当时，由于“天朝大国”美梦的破灭，举国上下都充斥着失望悲观的情绪。清政府的高层也出现了权力更迭。李鸿章由于在甲午海战中的“指挥不力”而被免职。

李鸿章是朝廷中洋务派的代表人物，他自 1870 年出任直隶总督后就开始积极推动洋务运动。可以说，北洋舰队就是李鸿章一手建立起来的。他被免职直接导致了北洋舰队无人掌控的局面。

当时的北洋舰队可谓是军事、洋务和外交的交汇点。谁能执掌北洋舰队，就等于进入了清政府的权力核心。因此，保守派和洋务派在朝堂上因为这个职位的人选，争执不休，吵得面红耳赤。

最终，继任这一职位的是王文韶。那么他有何优异之处呢?

首先，接受北洋舰队的人必须是军人出身。如果此人不懂军事，怎么能管理一个舰队呢? 王文韶当时的职位是云贵总督，领过兵打过仗。其次，掌管北洋舰队，就免不了要和外国人打交道。因此，此人不能不通外交事务。王文韶曾在总理衙门工作过，对外交事务还算熟悉。第三，保守派和洋务派都认可此人。在为官之道上，王文韶最擅长的就是走平衡木。他本人与代表革新派的翁同龢关系非同一般，又与代表洋务利益的湘军淮军一直保持着良好的关系。此外，由于他会做事，慈禧太后对他的印象也不错。

就这样，王文韶击败了众多才能出众、功高势大的官员，获得了北洋大臣的职位，成了朝廷新贵。

如果联系枪手博弈的情况，我们会发现王文韶就相当于那个存活概率最高的枪手丙。所谓“两虎相争必有一伤”，以慈禧太后为首的保守派和以皇帝为首的革新派相互倾轧。即便在分属于这两个阵营中的大臣中，有人比王文韶更有才能，比他更适合接任这一职位，也会在两派相争中失去资格。这就让左右逢源的王文韶捡了一个大便宜。

就像枪手博弈中，最有机会活下来的不是枪法最好的甲那样，有些时候，博弈的最终胜出者未必是博弈参与者中实力最好的那一个。

读过《红楼梦》的人都知道，在贾宝玉身边服侍他的丫鬟们各有各的风姿。按照封建社会的习惯，像袭人、晴雯、麝月这样近身服侍的大丫鬟，都是贾宝玉未来姨娘的人选。其中，属晴雯最为出色。她人长得风流灵巧，聪明灵机，口才也好，女工也很出色。按理说，晴雯应该是姨娘的不二人选。最后，成为“准姨娘”的不是晴雯，而是那个脾气最好的花袭人。

按理说，无论如何也轮不到她来做这个“准姨娘”。论相貌，袭人在服侍宝玉的大丫鬟中属于中等，不是最好的；论聪明伶俐，她有些愚；论口才，她在言语上总是会吃些亏；论针线活，她不是最出挑的。而且，还总是喜欢唠唠叨叨地叮嘱宝玉。不过，袭人之所以从众丫鬟中胜出，正是因为她不是最好的。

参与博弈的博弈者们为了成为最终的胜利者，会在博弈的过程中不择手段。宝玉身边的丫鬟们大多也都存了同样的心思。成为宝玉的小妾，就意味着从此能够摆脱丫鬟低贱的身份，在地位上也能有所提升。她们必然因此而互相较劲，最出众的那一个自然会成为众矢之的，也最容易成为其他人攻击的对象。袭人的“一般”让她在众丫鬟们的竞争中尽可能地保全了自己。最终，得到了王夫人赏识的她，顺利上位，奠定了自己在贾府的地位。

在复杂的多人博弈中，最后胜出的人必定是懂得平衡各方实力、善于谋略的人。就像枪手博弈中的枪手丙来说，当他具有率先开枪的优势时，他选择了放空枪或是与枪手乙联合，才使自己保住了性命。如果他不懂得谋略，直接向枪手甲开枪，那么就有可能被枪手乙杀死。这一点在军事斗争中体现得尤为明显。

民国初年，广西境内军阀势力混杂，在经过几年权力洗牌后，主要存在着三股军阀势力。三方互为犄角，形成对立之势。这三股势力分别是：陆荣廷、沈鸿英和李宗仁。三方在兵力上的差距不大。其中，陆荣廷有将近四万人马，沈鸿英的军队大约有两万多人。李宗仁在与黄绍竑联合后，在兵力上基本与沈鸿英打个平手。

势力最大的陆荣廷打算统一广西，决定先除去沈鸿英。1924年初，陆荣廷率领精锐部队近万人北上，进驻桂林城外。沈鸿英在察觉到陆荣廷的企图后，立即赶往桂林截击。双方就在桂林城外展开激战。这一仗打了三个月，双方都死伤惨重，谁也没占着便宜。在这种情况下，陆荣廷和沈鸿英都表示出和解的意向。

在陆沈相争之时，李宗仁则是坐山观虎斗，时刻注意着两人的战况。当了解到双方打算和解的时候，李宗仁意识到自己的机会来了。他的想法是：如果两人和解，就会出现两种可能。一是陆沈二人各回各的地盘，广西的局势依然是三足鼎立。二是两人联手后，转而对自己下手。如果是第一种情况，自己就可以按兵不动，静观其变。但是，两人合作后，攻击自己的可能性很大。那么，自己就要趁着陆沈二人元气尚未恢复之机，率先下手。

于是，李宗仁立刻召集白崇禧和黄绍竑就这一情况进行商讨。白崇禧和黄绍竑都表示同意李宗仁的观点。接下来，问题的关键就在于先打谁，是陆荣廷还是沈鸿英。李宗仁从道义的角度出发，认为应当先攻打沈鸿英。白崇禧和黄绍竑则从战略意义出发，认为应当趁陆荣廷后方空虚之际，先攻打南宁，吃掉陆荣廷的地盘。经过协商，三人最终制定了出击顺序，依照“先陆后沈”的原则，先攻击陆荣廷。

1924 年 5 月，李宗仁和白崇禧兵分两路，分别从陆路和水陆向南宁方向进攻。一个月后，两路人马在南宁胜利会师。而后，李宗仁等人成立定桂讨贼联军总司令部，打着讨伐陆荣廷残部的旗号，陆续铲除了沈鸿英、谭浩明等广西军阀。至此，李宗教仁完成了对广西的统一，成了国民党内部桂系军阀的首领。

李宗仁能够赢得最后的胜利，顺利统一广西，最关键的因素就是他选择了正确的攻击顺序。在李、陆、沈三人的军事实力中，陆荣廷的实力显然是最强的。李宗仁和沈鸿英的实力相当。陆荣廷和沈鸿英在鏖战了三个月后，双方互有损伤。对于在一旁观战，实力毫发未损的李宗仁来说，沈鸿英此时的实力已经弱于自己。如果先攻击沈鸿英，李宗仁在实力上占有一定的优势。不过，陆荣廷离开自己的老巢南宁，跑到桂林与沈鸿英交战。此时，如果能“联弱攻强，避实击虚”，就可以让陆荣廷失去立足之地。假设李宗仁先攻击沈鸿英，即使取胜，也必定会消耗自己的实力，同时给陆荣廷以喘息的机会。到那时就有可能形成李、陆对立之势，依然无法统一广西。根据当时的情况，“先陆后沈”是李宗仁行动的最佳策略。李宗仁也正是因为采取了这一攻击顺序，成为了最终的赢家。

所以说，在复杂的多人博弈中，只要策略得当，最终的胜出者不一定是实力最强的博弈者。因为决定胜负的因素很多，实力是很重要的一个因素，但不是唯一的因素。

第四节 不要用劣势去对抗优势

我们先来看一个与军事上攻防有关的沙盘演示。

红、蓝两军展开一场攻防战。红军是攻击方，兵力是两个师。蓝军是防守方，驻守某个城市的一条街道，拥有兵力 3 个师。

假设红、蓝两军使用的装备相同，士兵的战斗素质均等，都有充足的后勤保障。在交战过程中，不得再对军队进行作战单位上的分割。也就是说，取消师以下的作战单位，双方的最小作战单位就是师。在这种假设条件下，就使得红、蓝双方在最小作战单位内具有相同的战斗力。

既然双方在最低作战单位内的战斗力没有差别，那么胜负就将取决于两军对垒时的人数，即双方一旦遭遇，人数多的一方获胜。这场攻防演示的胜负标准就是防线的归属，也就是说，红方突破蓝方的防线，红方胜。蓝方守住防线，蓝方胜。

蓝方的防守目标是一条街道，有 A 和 B 两个出口。红蓝双方的攻防方向就将集中在这两个出口上。

先来分析红方的进攻战略，共有 3 种：

（1）两个师集中从 A 口向蓝方防线进攻；

（2）从两个出口同时进攻，一个师进攻 A 出口，另一个师进攻 B 出口；

（3）两个师集中向 B 出口的蓝方防线进攻。

再来看看蓝方的防守策略，共有 4 种：

（1）3 个师集中防守 A 出口；

（2）两个师防守 A 出口，一个师防守 B 出口；

（3）一个师防守 A 出口，两个师防守 B 出口；

（4）3 个师集中防守 B 出口。

接下来，我们需要采用排列组合的方式，将双方的攻防策略组合在一起，总共有 3 种可能。

第一种：红方两个师集中向 A 出口的蓝方防线进攻。蓝方 4 种防守策略对应的结果是：

A. 蓝方集中所有兵力防守 A 出口，蓝方胜；

B. 蓝方两个师防守 A 出口，一个师防守 B 出口，蓝方胜；

C. 蓝方一个师防守 A 出口，两个师防守 B 出口，红方胜；

D. 蓝方所有兵力集中防守 B 出口，红方胜。

第二种：红方一个师向 A 出口的蓝方防线进攻，另一个师向 B 出口的蓝方防线进攻。与第一种情况的顺序一样，对应的结果分别是：红方胜、蓝方胜、蓝方胜、红方胜。

第三种：红方集中两个师向 B 出口进攻。同样的，蓝方 4 种防守策略对应的结果是：第一个策略，红方胜；第二个策略，红方胜；第三个策略，蓝方胜；第四个策略，蓝方胜。

根据上述分析的结果，可以看出，无论红方选择 3 种策略中的哪一种，与蓝方 4 种防守策略组合的结果都是两胜两负。也就是说，红方采取任何一种策略，取胜的概率都是 50%。可以说，红方在这场攻防博弈中没有劣势策略。

不过，在蓝方的 4 种防守策略中存在劣势策略。我们可以罗列出蓝方 4 种策略对应的双方胜负结果：

第一种策略：1 胜 2 负；

第二种策略：2 胜 1 负；

第三种策略：2 胜 1 负；

第四种策略：1 胜 2 负。

从上面罗列出的结果，我们可以清楚地看到，当蓝方采用第一种和第四种策略的时候，与红方交手的胜算只有三分之一。第二种和第三种策略的胜算则有三分之二。蓝方采用第二种和第三种策略的结果，明显好于第一和第四种策略。很显然，第一种和第四种策略就是蓝方的劣势策略。

依照这种分析，蓝方必定会排除自己的劣势策略，即舍弃第一和第四种策略。如此一来，双方的博弈情况将得到简化：

第一，红方采用第一种策略，如果蓝方采用第二条策略应对，结果是蓝方胜；如果蓝方采用第三条策略应对，结果是红方胜。

第二，红方采用第二种策略，如果蓝方采用第二条策略应对，结果是蓝方胜；如果蓝方采用第三条策略应对，结果是蓝方胜。

第三，红方采用第三种策略，如果蓝方采用第二条策略应对，结果是红方胜；如果蓝方采用第三条策略应对，结果是蓝方胜。

在简化后的对决中，蓝方的劣势策略消失了，红方则出现了一个劣势策略，即第二种策略，兵分两路的进攻策略。根据分析的结果，红方如果采取这一策略，将毫无取胜的可能。

在这种情况下，红方必定舍弃第二种策略，博弈情况就得到了再一次的简化。

第一，红方集中两个师进攻 A 方向，如果蓝方两个师防守 A 方向，一个师防守 B 方向，那么蓝方胜；如果蓝方一个师防守 A 方向，两个师防守 B 方向，那么红方胜。

第二，红方两个师集中向 B 方向进攻，如果蓝方两个师防守 A 方向，一个师防守 B 方向，那么红方胜；如果蓝方一个师防守 A 方向，两个师防守 B 方向，那么蓝方胜。

此时，红蓝双方取胜的概率都是 50%。按理说，红方在兵力上处于劣势，胜算应该小于蓝方。这是怎么回事呢？

我们知道，当你拥有一个劣势策略时，要尽量规避，采取略优于它的策略。对于红方来说，它在总兵力上弱于蓝方，兵分两路必然导致兵力的分散，即意味着用自己的劣势策略来应对蓝方。从最简化的博弈情况中，我们可以清楚地看到，红方只要集中自己的兵力，就可以在面对采用优势策略的蓝方时，争得 50%的胜算。

东晋太元八年（383）七月，秦王苻坚自恃国强兵众，一心向南扩张，急欲灭东晋，统一天下。苻坚不听群臣劝阻，下诏伐晋：命丞相、征南大将军苻融督统步骑二十五万为前锋，直趋寿阳（今安徽寿县）；命幽州、冀州所征兵员向彭城（今江苏徐州）集结；命姚苌督梁、益之师，顺江而下；苻坚亲率主力大军由长安出发，经项城（今河南沈丘）趋寿阳。

几路大军，合计约百余万人，“东西万里，水陆并进”，大有席卷江南，一举扫平东晋之势。

面对前秦军队的攻势，东晋也做了下列防御部署：丞相谢安居中调度；桓冲都督长江中游巴东、江陵等地兵力，控扼上游；谢石为征讨大都督，谢玄为前锋都督，率北府兵八万赶赴淮南迎击秦军主力。

十月十八日，苻融率前锋部队攻占寿阳，俘虏晋军守将徐元喜。同时，秦军慕容垂率部攻占了郧城（今湖北郧县）。奉命率水军支援寿阳的胡彬在半路上得知寿阳已被苻融攻破，便退守硖石（今安徽凤台西南），等待与谢石、谢玄的大军会合。苻融又率军攻打硖石，结果惨败。晋军士气大振，乘胜直逼淝水东岸。

此时，苻坚登寿阳城头，望见晋军布阵严整，见城外八公山上于秋风中起伏的草木，以为是东晋之伏兵，始有惧色。由于秦军逼淝水而阵，晋军不得渡河，谢玄便派人至秦方要求秦军后撤一段距离，以便晋军渡河决战。

此时，苻坚心存幻想，企图待晋军半渡，一举战而胜之，所以答应了这个要求。不料，秦军此时已军心不稳，一听后撤的命令，便借机奔退，由此而不可遏止。朱序等人又在阵后大喊：“秦军败矣。”秦军后队不明前方战情，均信以为真，于是争相奔溃，全线大乱。晋军乘势追杀，大获全胜，苻融战殁，苻坚狼狈逃归，前秦损失惨重。

淝水之战是中国历史上著名的“以少胜多，以弱胜强”的战例。与实力强大的前秦相比，东晋的军事实力明显要弱小得多。我们可以简单分析一下这场战争。

第一，前秦的军队号称百万，东晋只有不到十万人，兵力差距悬殊。但是前秦刚刚统一北方，兵力多用来驻守城镇，兵力散落，无法在短时间内聚集。

第二，前秦政权在统一北方的过程中，消灭了不少其他民族的政权，国家内部各种矛盾复杂。人心不齐，国家内部不够稳定。

第三，苻坚犯了轻敌的用兵大忌，又产生了畏敌情绪。

反观东晋，国内局势稳定，国民凝聚力强。东晋先是击败了苻融，以一场胜利为自己的军队鼓舞了士气。然后，趁前秦军队的主力还没到达前，以自己战斗力最强的北府兵与之对决。运用策略得当。利用前秦军队人心不齐的情况，施以计谋，导致对方军心不稳，自乱阵脚。可以说，东晋恰恰是因为避开了对方的锋芒，整合自己的优势，集中攻击对方的劣势，最终以少胜多，战胜了前秦军队。

第八章
警察与小偷博弈

第一节　警察与小偷模式：混合策略

在一个小镇上，只有一名警察负责巡逻，保卫小镇居民的人身和财产安全。这个小镇分为 A、B 两个区，在 A 区有一家酒馆，在 B 区有一家仓库。与此同时，这个镇上还住着一个以偷为生的惯犯，他的目标就是 A 区的酒馆和 B 区的仓库。因为只有一个警察，所以他每次只能选择 A、B 两个区中的一个去巡逻。而小偷正是抓住了这一点，每次也只到一个地方去偷窃。我们假设 A 区的酒馆有 2 万元的财产，而 B 区的仓库有 1 万元的财产。如果警察去了 A 区进行巡逻，而小偷去了 B 区行窃，那么 B 区仓库价值 1 万元的财产将归小偷所有；如果警察在 A 区巡逻，而小偷也去 A 区行窃，那么小偷将会被巡逻的警察逮捕。同样道理，如果警察去 B 区巡逻，而小偷去 A 区行窃，那么 A 区酒馆的 2 万元财产将被装进小偷的腰包；而警察在 B 区巡逻，小偷同时也去 B 区行窃，那么小偷同样会被警察逮捕。

在这种情况下，警察应该采取哪一种巡逻方式才能使镇上的财产损失最小呢？如果按照以前的办法，只能有一个唯一的策略作为选择，那么最好的做法自然是警察去 A 区巡逻。因为这样做可以确保酒馆 2 万元财产的安全。但是，这又带来另一个问题：如果小偷去 B 区，那么他一定能够成功偷走仓库里价值 1 万元的财产。这种做法对于警察来说是最优的策略吗？会不会有一种更好的策略呢？

让我们设想一下，如果警察在 A、B 中的某一个区巡逻，那么小偷也正好去了警察所在的那个区，那么小偷的偷盗计划将无法得逞，而 A、B 两个区的财产都能得到保护，那么警察的收益就是 3（酒馆和仓库的财产共计 3 万元），而小偷的收益则为 0，我们把它们计为（3，0）。

如果警察在 A 区巡逻，而小偷去了 B 区偷窃，那么警察就能保住 A 区酒馆的 2 万元，而小偷将会成功偷走 B 区仓库的 1 万元，我们把此时警察与小偷之间的收益计为（2，1）。

如果警察去 B 区巡逻，而小偷去 A 区偷窃，那么警察能够保住 B 区仓库的 1 万元，却让小偷偷走了 A 区酒馆的 2 万元。这时我们把他们的收益计为（1，2）。

		小偷	
		A 区	B 区
警察	A 区	（3，0）	（2，1）
	B 区	（1，2）	（3，0）

这个时候，警察的最佳选择是用抽签的方法来决定巡逻的区域。这是因为 A 区酒馆的财产价值是 2 万元，而 B 区仓库的财产价值是 1 万元，也就是说，A 区酒馆的价值是 B 区仓库价值的 2 倍，所以警察应该用 2 个签代表 A 区，用 1 个签代表 B 区。如果抽到代表 A 区的签，无论是哪一个，他就去 A 区巡逻，而如果抽到代表 B 区的签，那他就去 B 区巡逻。这样，警察去 A 区巡逻的概率就为 2/3，去 B 区巡逻的概率为 1/3，这种概率的大小取决于巡逻地区财产的价值。

对小偷而言，最优的选择也是用抽签的办法选择去 A 区偷盗还是去 B 区偷盗，与警察的选择不同，当他抽到去 A 区的两个签时，他需要去 B 区偷盗，而抽到去 B 区的签时，他就应该去 A 区偷盗。这样，小偷去 A 区偷盗的概率为 1/3，去 B 区偷盗的概率为 2/3。

下面让我们来用公式证明对警察和小偷来说，这是他们的最优选择。

当警察去 A 区巡逻时，小偷去 A 区偷盗的概率为 1/3，去 B 区偷盗的概率为 2/3，因此，警察去 A 区巡逻的期望得益为 7/3（$1/3 \times 3+2/3 \times 2=7/3$）万元。当警察去 B 区巡逻时，小偷去 A 区偷盗的概率同样为 1/3，去 B 区偷盗的概率为 2/3，因此，警察此时的期望得益为 7/3（$1/3 \times 1+2/3 \times 3=7/3$）万元。由此可以计算出，警察总的期望得益为 7/3（$2/3 \times 7/3+1/3 \times 7/3=7/3$）万元。

由此我们得知，警察的期望得益是 7/3 万元，与得 2 万元收益的只巡逻 A 区的策略相比，明显得到了改进。同样道理，我们也可以通过计算得出，小偷采取混合策略的总的期望得益为 2/3 万元，比得 1 万元收益的只偷盗 B 区的策略要好，因为这样做他会更加安全。

通过这个警察与小偷博弈，我们可以看出，当博弈中一方所得为另一方所失时，对于博弈双方的任何一方来说，这个时候只有混合策略均衡，而不可能有纯策略的占优策略。

对于小孩子之间玩的“石头剪刀布”的游戏，我们应该都不会陌生。在这个游戏中，纯策略均衡是不存在的，每个小孩出“石头”、“剪刀”和“布”的策略都是随机决定的，如果让对方知道你出其中一个策略的可能性大，那么你输的可能性也会随之增大。所以，千万不能让对方知道你的策略，就连可能性比较大的策略也不可以。由此可以得出，每个小孩的最优混合策略是采取每个策略的可能性是 1/3。在这个博弈中，“纳什均衡”是每个小孩各取 3 个策略的 1/3。所以说，纯策略是参与者一次性选取，并且一直坚持的策略；而混合策略则不同，它是参与者在各种可供选择的策略中随机选择的。在博弈中，参与者并不是一成不变的，他可以根据具体情况改变他的策略，使得他的策略的选择满足一定的概率。当博弈中一方所得是另一方所失的时候，也就是在零和博弈的状态下，才有混合策略均衡。无论对于博弈中的哪一方，要想得到纯策略的占优策略都是不可能的。

在很多国家，纳税人和税务局之间的关系也属于警察与小偷博弈。那些纳税人总有这样一种心理，认为逃税要是被抓到，必然要交罚款，有时候还得坐牢；但如果运气好，没有被抓到，那么他们就可以少缴一点税。在这种情况下，理性的纳税人在决定要不要逃税时，一定会考虑到税务局调查他的概率有多高。因为税务局检查逃税要付出一定的成本，而且这成本很高。一般来说，税务局不会随便查一个纳税人的账，只有在抓逃税漏税和公报私仇的时候，才会下血本严查。所以，纳税人和国税局便形成了警察与小偷博弈。税务局只有在你会逃税的情况下才会查税，而纳税人只有在不会被查的情况下才会想到逃税。因此，最好的选择就是随机，老百姓有时候逃税，有时候被查税。所以，像警察与小偷博弈一样，纳税人不可能让税务局知道自己的选择。如果哪个乖乖缴税的纳税人因不满国税局的检查而写信解释，认为他们不应该来调查，那么他们会得到什么结果呢？答案是国税局仍然像以前一样查他。同理，如果哪个纳税人写信通知国税局，说自己在逃税，那么国税局可能不会相信，但发出这种通知对纳税人来说多半不是最好的策略。因为在警察与小偷博弈中，每个人都会千方百计隐瞒自己的做法。

第二节 防盗地图不可行

通过警察与小偷博弈可以看到，并不是所有博弈都有优势策略，无论这个博弈的参与者是两个人还是多个人。

2006年初，杭州市民孙海涛在该市各大知名论坛上建立电子版“防小偷地图”一事引起了人们的普遍关注。这张电子版的“防小偷地图”是一个三维的杭州方位图，杭州城的大街小巷以及商场建筑都能够在这张图上找到。如果需要，网民们还通过点击标注的方式放大某个路段、区域。最令人称道的是，人们想要查寻杭州市哪个地区容易遭贼，只需要点开这个地图的网页，轻轻移动鼠标就可以一目了然。这张地图自从问世以来，吸引了网民大量的点击率。

虽然地图上已经标注了很多容易被盗的地点，但是为了做到“与时俱进”，于是允许网民将自己知道的小偷容易出现的地方标注到里面。短短3个月的时间，已经有40多名网民在这张地图上添加新的防盗点。网友们将小偷容易出现的地段标注得特别详细，甚至还罗列出小偷的活动时间、作案惯用手段等信息。

正当网民们为“防小偷地图”而欢呼雀跃的时候，《南京晨报》却发生了不同的声音。《南京晨报》的一篇文章十分犀利地写道：“为何没有‘警方版防偷图’？”这个问题无异于一盆冷水，一下子浇醒了那些热情洋溢的网民。按道理说，警察对小偷的情况必定比普通市民了解得更多，可是他们为什么没有设计出一个防偷地图保护广大市民的财产安全呢？

《时代商报》发表的评论文章对此做出了解答。文章指出，如果警方公布这类地图，那么很有可能会弄巧成拙。由于不知道谁是小偷，所以当市民看到这类地图的时候，小偷也会看到，这样小偷自然就不会再出现在以前经常出现的地方，而是转移战场，到别的地方去作案。

这篇文章所说的有一定道理，却不够深入与全面。要想彻底搞清楚这个问题，就需要去警察与小偷的博弈中寻找答案。通过上一节对警察与小偷博弈的介绍，我们应该明白在每个参与者都有优势策略的情况下，纯策略均衡是一个非常正确的选择。一个优势策略要比其他任何策略都要优异，一个劣势策略则比其他任何策略都要拙劣。如果你有一个优势策略，你必然选择使用，同样，你的对手也会这样做。反之，如果你有一个劣势策略，你就应该尽量避免使用，当然，你的对手也会明白这个道理。

为了能够更好地理解这个问题，请看下面两个房地产开发商的例子。

假设昆明市的两家房地产公司甲和乙，都想开发一定规模的房地产，但是昆明市的房地产市场需求有限，一个房地产公司的开发量就能满足这个市场需求，而每个房地产公司必须一次性开发一定规模的房地产才能获利。在这种局面下，两家房地产公司无论选择哪种策略，都不存在一种策略比另一种策略更优异的问题，也不存在一个策略比另一个策略更差劲儿的问题。这是因为，如果甲选择开发，那么乙的最优策略就是不开发；如果甲选择不开发，则乙的最优策略是开发。同样道理，如果乙选择开发，那么甲的最优策略就是不开发；如果乙选择不开发，则甲的最优策略是开发。

		乙	
		开发	不开发
甲	开发	（0，0）	（1，0）
	不开发	（0，1）	（0，0）

从矩阵图中可以清晰地看到，只有当甲乙双方选择的策略不一致时，选择开发的那家公司才能够获利。

按照“纳什均衡”的观点，这个博弈存在着两个“纳什均衡”点：要么甲选择开发，乙不开发；要么甲选择不开发，乙选择开发。在这种情况下，甲乙双方都没有优势策略可言，也就是甲乙不可能在不考虑对方所选择的策略的情况下，只选择某一个策略。

在有两个或两个以上“纳什均衡”点的博弈中，谁也无法知道最后结果会是怎样。这就像我们无法得知到底是甲开发还是乙开发的道理。

回到前面提到的制作警方版“防小偷地图”的问题上来。在警方和小偷都无法知道对方策略的情况下，如果警方公布防小偷地图，这对警方来说看似最优策略，但是当小偷知道你的最优策

略之后，他就会明白这是他的劣势策略，因此他会选择规避这一策略，转向他的优势策略。毫无疑问，警方发布防小偷地图以后，小偷必然不会再去地图上标注的地方偷窃，而是寻找新的作案地点。所以说，从博弈策略的角度来考虑，制作警方版“防小偷地图”并不是一个很好的方法。

第三节　混合策略也有规律可循

随着网球运动的不断普及，网球越来越受到人们的欢迎，网球比赛在电视转播中也越来越多。在观看网球比赛时，人们会发现，水平越高的选手对发球越重视。德尔波特罗、罗迪克、达维登科等球员底线相持技术一般，但是因为有一手漂亮的发球，所以能够跻身于世界前列。李娜、郑洁等中国女球员虽然技术十分出色，也取得过不俗的成绩，但是如果想要获得更大的进步，还需要在发球方面好好地下一番苦功夫。

发球的重要性使得球手们对自己的策略更加重视。如果一个发球采取自己的优势策略，以 40：60 的比例选择攻击对方的正手和反手，接球者的成功率为 48%。如果发球者不采取这个比例，而是采取其他比例，那么对手的成功率就会有所提升。比如说，有一个球员把所有球都发向对手的实力较差的反手，对手因为意识到了发球的这种规律，就会对此做出防范，那么他的成功率就会增加到 60%。这只是一种假设，在现实中，如果比赛双方两个人经常在一起打球，对对方的习惯和球路都非常熟悉，那么接球者在比赛中就能够提前做出判断，采取相应的行动。但是，这种方法并非任何时候都能奏效，因为发球者可能是一个更加优秀的策略家，他会给接球者制造一种假象，让接球者误以为已经彻底了解了发球者的意图，为了获得比赛的胜利而放弃自己的均衡混合策略。如此一来，接球者必然上当受骗。也就是说，在接球者眼里很傻的发球者的混合策略，可能只是引诱接球者的一个充满危险的陷阱。因此，对于接球者来说，为了避免这一危险，必须采取自己的均衡混合策略才可以。

和正确的混合比例一样，随机性也同样重要。假如发球者向对手的反手发 6 个球，然后转向对方的正手发出 4 个球，接着又向反手发 6 个，再向正手发 4 个，这样循环下去便能够达到正确的混合比例。但是，发球者的这种行为具有一定的规律性，如果接球者足够聪明的话，那他很快就能发现这个规律。他根据这个规律做出相应的调整，那么成功率就必然上升。所以说，发球者如果想要取得最好的效果，那么他必须做到每一次发球都让对手琢磨不透。

由此可以看出，如果能够发现博弈中的某个参与者打算采取一种行动方针，而这种行动方针并非其均衡随机混合策略，那么另一个参与者就可以利用这一点占到便宜。

在戴维·哈伯斯塔姆的著作《1949 年夏天》里，作者描述了 17 岁的特德·威廉斯第一次体会到策略思维的重要意义。对威廉斯和其他许多年轻球员来说，变化球让他们吃尽了苦头。威廉斯就曾被一名投手用一个曲线球打出局，这让他苦恼不已。正当他悻悻地往场下走时，一位著名的大联盟前投手喊住了他，问他是怎么回事。威廉斯无奈地回答说："一个该死的慢曲线球把我打出局了。"投手没有和他讨论有关曲线球的事，只是问他能不能击中那个人的快球，威廉斯干脆地答道："没问题。""你觉得下一次他会怎样对付你？"投手追问道。威廉斯从没想过应该怎样对付他，因为那是投手们思考的问题。那个投手又对威廉斯说：“为什么你不回到场边等待下一次机会呢？”威廉斯按照他的话去做，结果收到了很好的效果。这件事看似只是小事一桩，但就是这件小事打开了一项长达20年的针对投手思维的研究的序幕。

在这个故事里，那个投手和威廉斯都没有认识到不可预测的必要性。这样说是因为，假如威廉斯想过对方会怎样向自己投球，那个投手就不会在他意识到自己早有准备的时候仍然投出一个曲线球！当时双方都想压制对方，但又无法掌握对方的想法，所以只能靠猜测行事。这就涉及猜测的概率问题。要想做到不可预测，投手投球的选择必须是随机的。当然，投出不精确的球的情况除外。如果一个投手连自己都不知道球会飞向何处，那么虽然他是不可预测的，但是他就没办法决定什么时候应该投什么类型的球，以及不同类型的球应该保持怎样的相对频率。

这种类似的情况还出现在1986年的全美棒球联赛中。那是一场纽约大都会队与休斯敦星象队争夺冠军的比赛，当时纽约大都会队依靠击球手莱恩·戴克斯特拉在第九局面对投手戴夫·史密斯的第二投击出的一个本垒打赢得了最后的胜利。这是一场非常艰难的比赛。赛后，两位球员接受了记者的采访，当被问到究竟发生了什么事的时候，戴克斯特拉回答说：“他投出的第一个球是一个快球，我击球出界。当时我感觉到他在第二投时会投一个下坠球，结果他果然那样做了。因为事先做出了判断，我非常准确地看清了这个球的路线，所以我的出手也非常准确。”史密斯则非常沮丧地说道：“这样的投球选择可真是糟糕极了。如果让我再投一次，我就会投出一个快球。”

如果老天再给史密斯一个重新来过的机会，那他是不是应该再投一个快球呢？当然不是。击球手戴克斯特拉可能看到了史密斯这一层次的思考方式，所以他会认为史密斯将要投一个快球。此时，史密斯应该转向另一个层次的思考方式，投一个下坠球。对于双方来说，彼此都将对方的一切有规则的思考与行动方式看透，并且加以利用，所以说，他们最好的行动策略就是力求做到不可预测。

尽管棒球投手的投球选择是不可预测的，但还是有一些规则可以对这类选择进行指导。一定数量的不可预测性不应该完全听天由命。实际上，可以通过整个博弈的细节精确地确定投手选择投这种球而非那种球的概率。

第四节 随机性的惩罚最有效

随机策略是博弈论早期提出的一个观点，促进了博弈走向成熟阶段。这个观点本身很好理解，但是要想在实践中运用得当，使其作用达到最大化，就必须做一些细致的研究。比如在前面提到的网球运动中，发球者采取混合策略，时而把球打向对方的正手，时而把球打向对方的反手，这还远远不够。他还必须知道他攻击对方的正手的时间在总时间中所占的比例，以及根据双方的力量对比如何及时做出选择。在橄榄球比赛里，攻守双方每一次贴身争抢之前，攻方都会在传球或带球突破之中做出选择，然后根据这个选择决定应该怎样去做，而守方会知道攻方的选择只有两种，所以就会把赌注押在其中一个选择上，做好准备进行反击。

无论是在网球比赛还是橄榄球比赛里，每一方非常清楚自己的优点和对方的弱点。假如他们的选择瞄准的不只是对手的某一个弱点，而是可以兼顾对方的所有弱点并且加以利用，那么这个选择就是最好的策略。赛场上的球员当然也明白这一点，所以他们总是做出出人意料的选择，使得对方无法摸清他的策略，最大限度地制约了对手的发挥，为己方最终赢得胜利奠定基础。

需要指出的是，多管齐下与按照一个可以预计的模式交替使用策略不可画等号。如果那样做的话，你的对手就会有所察觉，通过分析判断出你的模式，从而最大限度地利用这个模式进行还击。所以说，多管齐下的策略实施必须伴随以不可预测性。

在剃须刀市场上，假如毕克品牌在每隔一个月的第一个星期天举行购物券优惠活动，那么吉列经过长期观察就能够判断出这个规律，从而采取提前举行优惠活动的方式进行反击。如此一来，毕克也可以摸清吉列的策略，并根据吉列的策略制定其新的策略，也就是将优惠活动提前到吉列之前举行。这种做法对竞争的双方来说都非常残酷，会使双方的利润大打折扣。不过假如双方都采用一种难以预测的混合策略，那么就可以使双方的激烈竞争有所缓解，双方的利润损失也不会太大。

某些公司会使用折扣券来建立自己的市场份额，它们这样做并不是想向现有消费者提供折扣，而是扩大品牌的影响力，吸引更多的消费者，从而获得更高的利益。假如同行业里的几个竞争者同时提供折扣券，那么对消费者来说，这种折扣券没有任何作用，他们仍然继续选择以前的品牌。消费者只有在一家公司提供折扣券而其他公司不提供的时候，才会被吸引过去，尝试另一个新品牌。可口可乐与百事可乐就曾经进行过一场激烈的折扣券战争。两家公司都想提供折扣券，以达到吸引顾客的目的。可是，如果两家公司同时推出折扣券，那么两家公司都达不到自己的目的，反而会使自己的利益受损。所以对它们来说，最好的策略就是遵守一种可预测的模式，两个公司每隔一段时间轮流提供一次折扣券。但是，这样做也存在着一些问题。比如当百事可乐预计到可口可乐将要提供折扣券的时候，它抢先一步提供折扣券。所以要避免他人抢占先机，就需要使对手摸不清楚你什

么时候会推出折扣券，这正是一个随机化的策略。

众所周知，税务局的审计规律在一定程度上是模糊而笼统的。这样做的目的其实很明显，就是给企业造成一种心理压力，让他们全都难逃审计的风险，所以他们也就只能老老实实地如实申报。如果税务局不这样做，而是事先按一定的顺序安排好被审计的企业，那会出现什么情况呢？假如税务审计存在着一定的顺序，并且哪一家企业将会受到审计都可以根据这个顺序推测出来，那么在企业报税的时候，肯定会参照这个顺序，看自己是否会受到审计。假如企业能够预测到自己在受审计的行列之内，而又能找到一个出色的会计师对报税单做一番动作，那么他们必然这样去做，使其不再符合条件以免除被审计。假如一个企业肯定被审计，那他就会选择如实申报。如果税务局的审计行动具有完全可预见性，审计结果就会出现问题。因为所有被审计的企业早就知道自己要被审计，所以只能选择如实申报，而对于那些逃过审计的人，他们的所作所为就无人可知了。很多国家实行“服兵役”制度，也就是国家每年都征召达到法定年龄的青年入伍。如果全国所有百姓都拒绝应征，因为法不责众的缘故，所以也就不可能惩罚所有人。如此一来，又该如何激励达到法定年龄的青少年去应召入伍呢？需要说明的是，政府掌握着一个有利的条件，有权力惩罚一个没有登记的人。在这种情况上，政府可以宣布按照姓氏笔画的顺序追究违法者，排在第一位的假如不去登记就会受到惩罚，这使得那家人只能乖乖就范。排在第二位的就会想到，既然第一家已经去登记了，如果自己不去就会遭到惩罚。这样依次排列下去，所有的百姓都会主动去登记。可这并不能解决所有问题。在人数众多的情况下，必然有一小部分人会出差错。也许排在前面的百姓已经因为没有去登记而遭到了政府的惩罚，所以后面的人就可以高枕无忧了。真正有效的办法是随机抽取哪家该去登记，这样做的好处是，对少数百姓实施惩罚就可以达到激励多数人的目的。

在《吕氏春秋》中记载着一个有关宋康王的故事。宋康王是战国时期的一位暴君，史书把他与夏桀相提并论，称为“桀宋”。这位宋康王打仗很有一套，“东伐齐，取五城，南败楚，拓地二百余里，西败魏军，取二城，灭滕，有其地”，为宋国赢得了“五千乘之劲宋”的美誉。宋康王打仗很厉害，但是连年征战惹得民怨沸腾，朝野上下一片骂声。于是他整天喝酒，变得异常暴虐。有些大臣看不过去，就前去劝谏。宋康王不但不听，还将劝谏的大臣们找理由撤职或者关押起来。这就使得臣子们对他更加反感，经常在私下里非议他。有一天，他问大臣唐鞅说：“我杀了那么多的人，为什么臣下更不怕我了呢？”唐鞅回答说：

“您所治罪的，都是一些有罪的人。惩罚他们是理所当然，没有犯法的人根本不会害怕。您要是不区分好人坏人，也不管他犯法没有犯法，随便抓住就治罪，如此一来，又有哪个大臣会不害怕呢？”宋康王虽然暴虐，但也是个聪明人。他听从了唐鞅的建议，随意地想杀谁就杀谁，后来连唐鞅也身首异处。大臣们果然非常害怕，没有人再敢随便说话了。

从这个故事可以看出，唐鞅的建议虽然有些缺德，但他仍然把握住了混合策略博弈的精髓。他给宋康王所出的主意正是一条制造可信威胁的有效策略：随机惩罚。宋康王只是想对臣下们进行威胁，使得大臣们有所收敛。如果他只惩罚那些冒犯他的人，大臣们就会想方设法地加以规避，宋康王的目的必然无法达到。而“唐鞅策略”使得大臣都担心无法预测的惩罚，所以他们也就不敢再放肆了。

这个故事告诉我们，一旦有必要采取随机策略，只要摸清对手的策略就能够找到自己的均衡混合策略：当对手无论怎样做都处于同样的威胁之下，并且不知道该采取哪种具体策略的时候，你的策略就是最佳的随机策略。

不过，有一点必须特别注意，随机策略必须是主动保持的一种策略。

虽然随机策略使得宋康王达到了震慑群臣的作用，但这并不意味着他可以随自己的某种偏好倾向进行惩罚。因为如果出现某种倾向，那就是偏离了最佳混合策略。这样一来，宋康王的策略对所有大臣的威胁程度将会大打折扣。

同时，随机策略也存在着一定的不足，那就是当大臣们合起伙来对抗宋康王时，那么宋康王将会束手无策。如果大臣们知道宋康王不会将他们杀戮殆尽，那么他们很可能会合起伙来冒犯他。在这种情况下，由于宋康王只能选择性地杀几个，其他人因为冒犯宋康王并未获罪，反而会得到好的名声，这会使得他们更加大胆地去这样做。面对这种局面，宋康王应该怎样做才能破解群臣的合谋呢？他最好的做法就是，按照大臣们的职位高低对其进行排序，并对第一号大臣说，如果他胆敢冒犯君王，就会被撤职。一号大臣在这种威胁之下必然老实下来。接下来，宋康王对二号大臣说，如果一号大臣很老实，而你不老实，那你就等着脑袋搬家吧。在二号大臣的意识里，一定会认为一号会老实，因此他为了保住性命也会老实。用相同的方法告诉其他大臣，如果他前面的大臣都老实，而他不老实就会被杀。如此一来，所有的大臣都会老实下来。这一策略非常有用，就算大臣们串通起来，也无法破解。因为一号大臣从自身的利益考虑，他老实听命一定比参与这种冒犯同盟要实惠得多。

这种策略在与一群对手进行谈判的场合有着很好的用处。它成功的关键在于，当随机进行惩罚时，每个人都有被惩罚的可能性，所以会选择不合作的策略进行殊死搏斗。但是当惩罚有一种明确的联动机制以后，情况就会有所转变。除非有一种情况出现，就是当在你面对的是一群非理性的对手时，当然这不在讨论的范围之内。除了这种情况，这样的威胁一般都会达到你的目的。

第九章
协和博弈

第一节　协和谬误：学会放弃

20 世纪 60 年代，英法两国政府联合投资开发大型超音速客机——协和飞机。这种飞机具有机身大、装饰豪华、速度快等很多优点，但是，要想实现这些优点，必须付出很高的代价——仅设计一个新引擎的成本就达到数亿元。英法两国政府都希望能够凭借这种大型客机赚钱，但是研究项目开始以后，他们发现了一个很严重的问题——如果要完成研发，需要不断地投入大量金钱，而且，就算研究成功，也不知道这种机型能否适应市场的需求。但是，如果停止研究，那么以前的投资就等于打了水漂。

在这种两难的选择之下，两国政府最后还是硬着头皮研制成功了。这种飞机投入市场以后，暴露出了很多缺点，如耗油量大、噪声大、污染严重、运营成本太高，等等，根本无法适应激烈的市场竞争，因此很快就被市场淘汰了，英法两国也遭受了很大的损失。其实，在研制协和飞机的过程中，如果英法政府能及时选择放弃，他们就能够减少很大的损失。但令人遗憾的是，他们并没有那样做。最后，协和飞机退出民航市场，才使英法两国从这个“无底洞中”脱身。

博弈论专家由此得到灵感，把英法两国政府在研究协和飞机时“骑虎难下”的博弈称为“协和谬误”，当人们进行了一项不理性的活动后，为此支付的时间和金钱成本，只要考虑将这项活动进行下去所需要耗费的精力，以及它能够带来的好处，再综合评定它能否给自己带来正效用。像股民对股票进行投资，如果发现这项投资并不能赢利，应该及早停掉，不要去计较已经投入的精力、时间、金钱等各项成本，否则就会陷入困境之中。在博弈论中，这种现象就被称为“协和谬误”，也称“协和博弈”。

下面让我们看几个协和谬误的事例。

有一个姓王的农村小伙子，总是希望自己能够发财致富，过上好日子。某天他看电视时看到了关于彩色豆腐机发家致富的广告，他觉得这是一个好机会，于是就跑到北京进行实地考察，之后便以 3 万元的价格在某公司订购了一台彩色豆腐机，并交了 1000 元的押金。那家公司还有一条规定，想学生产技术需要交 1 万元学习费用，这笔钱全部交齐机器就会运送到顾客家里。王某当时正处于兴奋的状态之中，所以就凑了 1 万块钱，交给那家公司。可是，王某在学完技术之后就后悔了，因为通过已经购买这种机器的用户反应和市场考察发现，这种机器做出来的彩色豆腐并不像广告说的那样深受广大百姓喜爱。还有，农村市场有限，根本就无法养活这样一台豆腐机。

此时的王某处于进退两难的境地：如果这时候选择放弃，那么1000元的押金和1万元的技术费就白花了；如果不放弃，那就需要支付另外的1.9万元钱才能买来豆腐机，而且以后的经营情况会是什么样子谁也不知道。王某把这个问题翻来覆去考虑了很久，最后他想到：我辛辛苦苦赚来的1万块钱就这么扔了吗？既然已经花了1万块钱，就算再搭进去1万多块钱又能怎么样呢？况且，自己把彩色豆腐的前景估计得过于悲观了，以后这种彩色豆腐说不定会很受欢迎。正是出于这样的想法，王某最后还是交了那笔钱，把彩色豆腐机拉回家了。可是结果并不像他想象的那样，这种机器加工的彩色豆腐存在着很多缺陷，味道更是没法与传统手工制作的豆腐相比，所以很少有人买。此外，这种机器还特别费电，王某最终无法继续经营下去，只能选择停产。

小张夫妇有一个乖巧可爱的小女儿，他们对孩子的未来非常重视，为了孩子能有一个好的将来，小张夫妇花了1万多块钱给女儿买了一架钢琴。但是，他们的女儿生性活泼好动，对钢琴一点兴趣也没有。这下可急坏了小张夫妇，自己用省吃俭用节约下来的钱给女儿买钢琴，希望她长大以后能够成为艺术家、名人，可是孩子却一点也不能体谅父母的良苦用心。虽然女儿不喜欢弹钢琴，但是价值不菲的钢琴已经买回来了，总不能白花那一大笔钱，让钢琴成为家里的摆设吧。于是，小张想到了请个音乐学院的钢琴老师给女儿当家教的办法。与妻子商量后，妻子也觉得这个办法不错。后来通过熟人介绍，他们请来了一位音乐学院的老师来教女儿，但可惜的是，这个办法仍然无法引起女儿对音乐的喜爱，他们为了请家教所花的几千块钱也都白花了。

通过上面的事例可以看出，协和谬误具有这样的特点：当事人做错了一件事，明知道自己犯了错误，却死活也不承认，反而花更多的时间、精力、钱财等成本去挽救这个错误，结果却是不但浪费了成本，错误也没有挽回。这也正是人们常说的“赔了夫人又折兵”。

第二节 我们的理性很脆弱

美国著名博弈论专家马丁·舒比克在1971年设计了一款经典的“1美元拍卖”游戏。这个经典的博弈论游戏既简单，又富有娱乐性和启发性。

教授在课堂实验上跟学生们玩了这个游戏。他拿出一张1美元钞票，请大家给这张钞票开价，每次以5美分为单位叫价，出价最高的人将得到这张1美元钞票。但是，那些其他出价的人不但得不到这张钞票，还要向拍卖人支付相当于出价数目的费用。

教授利用这个游戏赚了不少钱，原因是学生们玩这个游戏时会陷入骑虎难下的困境之中。在这个游戏里，如果你不能够清醒地认识你的成本，那么你就非常有可能会落入骑虎难下的境地：你是以获得利润为目的开始这个游戏的，但是，随着不断地加价，你会发现你已经为此付出了一定的代价，如果继续竞拍下去，你就会越陷越深。游戏也由追逐利润渐渐地演变成如何避免损失。这个时候，你应该做出什么样的抉择呢？

首先，为了将问题简化，我们将舒比克教授的“1美元”改为100美元，以5美元为单位叫价。这样做只是为了方便计算，并没有改变游戏的实质。

游戏开始后，一定会有人这样想：不就是100美元吗？只要我的出价低于100美元，那我就赚了，我所能出的最高价是95美元，再往上出价就赚不到钱了，有谁会继续向上出价呢？

如果用低于100美元的价格竞拍下这张钞票，那么中间的差价就是竞拍者所赚的钱。如果用100美元竞得同值的这张百元钞票虽然没有赚，但也不会赔。假设目前的最高叫价是70美元，迈克叫价65美元，排在第二位。出价最高的人将得到100美元的钞票，并且会赚到30美元，而迈克一定会损失65美元。如果迈克继续追加竞价，叫出75美元，那他就会取得领先。但是那个人不会眼睁睁地让自己损失70美元，所以他必会破釜沉舟地继续提价，直到超过100美元这个赚钱的底价。因为就算他选择了105美元，他也会认为这样自己最多只会损失5美元，相比70美元要少多了。然而，迈克的想法也会如此，所以就会进而将价位提升至110美元。于是，新的一轮竞价大战又开始了。

其实，当两个人的竞价超过100美元时，他们的目的已经从谋利变成了减少损失，在这种情况下，他们两个人的竞价往往会变成两个傻瓜间的对决。当然，就算是两个傻瓜在一起竞价，也不会让竞价这样无休止地进行下去。因为竞价者手里的资金是有限的，他们一定会以手头现有的资金来跟价，最后一个人跟到了295美元，而另一个人则以300美元赢得了这张百元钞票。这个时候，最倒霉的是那个出价295美元的人，因为他身上只有这么多钱，否则他绝对不会放弃。

有些时候，情况会复杂得多。比如假设杰克和凯文来参加竞拍，他们每人都揣着250美元，而且都知道对方兜里有多少钱。那么，结果会出现什么情况呢?

我们现在反过来进行推理。如果杰克叫了250美元，他就会

赢得这张100美元的钞票，但是他亏损了150美元。如果他叫了245美元，那么凯文只有叫250美元才能获胜。因为多花100美元去赢100美元并不划算，如果杰克现在所叫的价位是150美元或者150美元以下，那么凯文只要叫240美元就能获胜。如果杰克的叫价变为230美元，上述论证照样行得通。凯文不可能指望叫240美元就能够取胜，因为他知道，杰克一定会叫250美元进行反击。要想击败230美元的叫价，凯文必须一直叫到250美元才行。因此，230美元的叫价能够击败150美元或150美元以下的叫价。按照这个方法，我们同样可以证明220美元、210美元一直到160美元的叫价可以取胜。如果杰克叫了160美元，凯文就会想到，要想让杰克选择放弃，只有等到价位升到250美元才行。杰克必然损失160美元，所以，再花90美元赢得那张100美元的钞票还是值得的。

第一个叫价160美元的人最后获胜，因为他的这一叫价显示了他一定会坚持到250美元的决心。在思考这个问题的时候，应该把160美元和250美元的叫价等同起来，将它看成制胜的叫价。要想击败150美元的叫价，只要继续叫价，叫到160美元就足够了，但比这一数目低的任何数目叫价都无法取胜。这也就意味着，150美元可以击败60美元或60美元以下的叫价。其实用不着150美元，只要70美元就能够达到这个目的。因为一旦有人叫70美元，对他而言，为了获得胜利，一路坚持到160美元是合算的。在他的决心面前，叫价60美元或60美元以下的对手就会重新考虑自己的策略，会觉得继续跟进并不是一个明智的选择。

在上述叫价过程中，关键一点是谁都知道别人的预算是多少，这就使得问题简单了很多。如果对别人的预算一无所知，那么毫无疑问，只有到混合策略中寻找均衡了。

在这个游戏里，还有一个更简单也更有好处的解决方案，那就是竞拍者联合起来。如果叫价者事先达成一致，在竞拍时选出一名代表叫价50美元，然后谁也不再追加叫价，那么他们就能够分享这50美元的利润。但是，这种竞价和合作方式太过肤浅，一般人都能够想到，这样便会出现若干对合作者，在公开的场合，谁与谁合作就会暴露得非常明显，所以这种伎俩一般来说是不会成功的。

像这种事情在现实生活中无处不在。比如说，有人参加一家航空公司的里程积分计划，当他想搭乘另一家航空公司的飞机时，就会付出更高的代价。一个人在北京找到一份工作，那么他离开北京去另一个城市发展就需要付出更高的代价。

第三节　不做赔本的事

赫胥雷弗教授在他的《价格理论与应用》中，对英国作家威廉·萨克雷的名作《名利场》中女主角贝姬的表白“如果我一年有5000英镑的收入，我想我也会是一个好女人”，出过一个思考题。

赫胥雷弗教授指出，如果这个表白本身是真实的，也就是贝姬受到上帝眷顾，每年有5000英镑收入的话，在别人看来她就真的变成一个好女人，那么，人们对此至少可以做出两种解释：一是贝姬本身是一个坏女人，而且不愿意做一个好女人，但是如果有人每年给她5000英镑作为补偿，她就会为了这些钱去做一个好女人；二是贝姬本身是个好女人，同时她也想做一个好女人的，但是为生计所迫，她只能做一个坏女人。如果每年有5000英镑的收入，她的生计问题就能够得到解决，她也就会恢复她好女人的本来面目。

这两种可能，究竟哪一个符合实际？人们如何才能做出正确的判断呢？怎样才能知道贝姬本性的好坏呢？为了能够获得正确答案，需要先摒弃来自道德方面的干扰，之后再进行判断。比如把“做好女人”看作某种行为举止规范或者必须遵守的限制，就很容易得到答案。

贝姬为“做好女人”开出的价码是5000英镑，如果5000英镑是一笔小钱，说明她认为“做好女人”的成本不高，也就是说她只要能够得到维持生计的钱就会“做好女人”；如果5000英镑不是一笔小钱，而是一笔巨款，就说明她认为“做好女人”的成本很高，非用一大笔钱对她所放弃的某种东西进行补偿不可。

这时，最重要的问题就变为判断5000英镑究竟算是巨款还是小钱。从当时其他有名的文学作品中可以看出，一个女人维持生计只需要100英镑的年金就足够了。所以说，贝姬开出的5000英镑绝对不能算作一笔小钱。

在讨论贝姬到底是不是好女人时，我们运用了成本这一概念。在经济学中，成本指为了得到某种东西而必须放弃的东西。在日常生活领域，成本指我们所做的任何选择必须为之付出的代价。因为成本的构成非常复杂，种类也异常繁多，所以我们并不能简单地把“成本”与“花了多少钱”画等号。

中国古代著名的军事著作《孙子兵法》，就曾对成本进行过讨论。在《作战篇》中，开篇讨论的并非战略或战术问题，而是计算一次军事行动的成本，包括人力和物力的投入。孙子曰：

凡用兵之法，驰车千驷，革车千乘，带甲十万，千里馈粮。则内外之费，宾客之用，胶漆之材，车甲之奉，日费千金，然后十万之师举矣。

其用战也，胜久则钝兵挫锐，攻城则力屈，久暴师则国用不足。夫钝兵挫锐，屈力殚货，则诸侯乘其弊而起，虽有智者不能善其后矣。故兵闻拙速，未睹巧之久也。夫兵久而国利者，未之有也。故不尽知用兵之害者，则不能尽知用兵之利也。

善用兵者，役不再籍，粮不三载，取用于国，因粮于敌，故军食可足也。国之贫于师者远输，远输则百姓贫；近师者贵卖，贵卖则百姓财竭，财竭则急于丘役。力屈中原、内虚于家，百姓之费，十去其七；公家之费，破军罢马，甲胄矢弓，戟盾矛橹，丘牛大车，十去其六。故智将务食于敌，食敌一钟，当吾二十钟；芑秆一石，当吾二十石。故杀敌者，怒也；取敌之利者，货也。车战得车十乘以上，赏其先得者而更其旌旗。车杂而乘之，卒善而养之，是谓胜敌而益强。

故兵贵胜，不贵久。

故知兵之将，民之司命。国家安危之主也。

通过这篇文章可以看出，打一场仗（无论正义与否）要耗费相当庞大的财力、物力以及人力资源，所以从敌人那里获取给养就显得非常重要。而且，这样做还能够提高敌人的战争成本，使敌人陷入被动。所以，战争成本是战争中不得不考虑的一个重要问题。

古代兵法有“坚壁清野”的战术，在现代军事史上也有“焦土政策”一说。“坚壁清野”指采用使敌人攻不下据点，又得不到任何东西的措施。是对付优势敌人入侵，一种困死、饿死敌人的作战方法。“焦土政策”是指在战争期间，一方由于战势对自己不利而打算撤退时，彻底摧毁本土的建筑设施、有用资源等不动产，不给对手留下任何有价值的东西，同时也断绝自己的后路。

这两种策略具有一个共同点，即尽最大努力使对方无法从战争中获得补偿，也就是提高对方的战争成本。尽管这种战略会给自己造成很大的损失，但在某些特殊时刻，这也算得上是一种有效的策略。而且，这一举措也明确地告诉对方，我要和你血拼到底，为此我宁愿做出任何牺牲，你不要指望从我的屈服中获得什么好处。

国美、永乐、五星、苏宁、大中是在中国具有影响力的大型家电销售连锁企业。百思买 1966 年成立于美国明尼苏达州，是全球最大的家电连锁零售商。在成功收购江苏五星后，百思买以控股五星电器的方式吹响了向中国家电市场进军的号角。面对着全球家电老大百思买发出的进军中国的宣言，刚刚成为一家人的国美与永乐决定“先下手为强”，运用“焦土政策”策略，在百思买尚未采取实质性的行动之前，给它以致命一击。

国美与永乐宣布，要在北京市场发动连续的市场攻势，将北京家电市场的门槛提高，借此迫使百思买知难而退，彻底放弃北京市场。国美与永乐很快就打响了零售终端联合作战的第一战。同时，这也是国内家电零售市场的连锁巨头首次在采购、物流、销售上的联合作战。这一战役不仅是要打消百思买进入北京市场的野心，而且要实现真正意义上的消费者、厂家、商家三方共赢。这次价格大战一改过去单一压低供应商进价，从而制造低价的做法，致力于整合供应链价值，使供应链效率提升，从而实现真正的利润优势。打价格战并不是国美与永乐这次行动的主要目的，其主要目的是通过价格战，提前将北京、上海等家电市场变成“焦土”，从而将市场门槛抬高，令百思买不战而退。最终，国美与永乐通过“焦土政策”实现了目的，吓退了百思买，保住了其在中国家电销售连锁企业的龙头地位。

一般来说，“焦土政策”的作用有两方面：第一，把可能要属于对手的东西破坏，使对手的行动成本增大；第二，向对手显示自己决不妥协的立场。

选择这样的“破釜沉舟”的策略，会给人带来意想不到的好处。这是因为，对手对你以后可能采取行动的预期被你彻底打乱，而你就能够充分利用这一“信息不对称”，使自己在博弈中获得好处。

第四节　羊毛出在羊身上

在人才市场上，存在着这样一种现象：北大的一般毕业生和其他一般学校的拔尖学生一起去求职，尽管他们学的是同样的专业，水平或许相差也不大，但是，大多数用人单位会选择前者而不选择后者。其实，前者的水平并不一定比后者高，但用人单位为什么会对前者趋之若鹜，而对后者置若罔闻呢？

由于各所学校的评分标准不同，各所学校提供的学习成绩单并不能够成为用人单位对学生进行评估和比较的标准。在这种情况下，用人单位为了获得更为优秀的人才，只能将社会对毕业学校的认识和统计结果作为选择学生的标准。在这一点上，北京大学毕业的学生就占据了巨大的优势。

这种现象在不同的场合、不同的领域都可以看到。比如有一对年轻人为结婚去家电商场选购一款冰箱。他们发现，同为三开门 218L 的冰箱，有的卖 3000 多元，有的只卖 1000 多元。虽然价格方面差异悬殊，但是，更多人不愿意购买价格便宜的，反而更钟情于价格高的名牌产品。他们对这个现象很不理解，于是就向对家电行业比较了解的一位朋友请教。朋友告诉他们，其实国内家电质量都差不多，使用寿命也不存在太大的差异。洗衣机、电视机如此，冰箱也不例外。听了朋友的解释后，这对年轻人更加不解。这到底是怎么回事呢？其实，最主要的原因是大多数人信赖品牌，因为品牌能够让人用着放心，而且在售后服务方面更有保障。

很多消费者追求名牌也是同样的理由。但是，这个理由并不是放之四海而皆准的。还以冰箱为例，人们对冰箱质量的认识，并不是通过实践得来的。冰箱不同于日常低值易耗品，不需要经常更换，一般来说，购买一台冰箱可以用几年甚至十几年的时间。正是这个原因，使人们无法积累感性经验。居民的购买行为大多受到各种媒体以及亲朋好友的影响。名牌产品一定会在各种媒体上大打广告，人们无法不受其影响，这时，亲朋好友也受到广告的影响，他们对购买者进行口碑相传，于是就会造成消费者信赖名牌、购买名牌的现象。

在经济领域，这种并非由产品质量而是由其他因素引起的排斥现象被称为歧视。当歧视将某些团体的工作努力和人力资本投资激励扭曲的时候，它就会对经济造成极大的伤害。歧视的损害效果体现在很多方面，但对商品和劳务的供给者而言，影响最为严重。他们花费同样的成本，生产出同样质量的产品，卖出去的价格却无法与那些名牌相比，更可悲的是，很多时候他们的产品根本就卖不出去。

歧视同样对购买者不利。商品的歧视迫使那些受到歧视的企业为宣传自己的产品，把大量的精力和费用投入做广告上，因此造成企业成本大大增加。如此一来，企业的品牌虽然建立起来了，但它们为建立品牌所付出的成本都转嫁到消费者身上。这也正是名牌产品比普通产品价格更高的原因。

对于企业而言，建立名牌还有一个重要的益处，就是企业与消费者达到一种伙伴关系，赢得顾客的忠诚，使消费者长久地保持购买的欲望。这已经成为在激烈竞争的市场环境中，企业生存与发展的必然选择。

许多企业为留住老顾客和吸引新顾客，所使用的一种重要营销手段就是大力培养顾客对品牌的忠诚度。如果产品的质量能够得到保障，那么品牌忠诚度就会成为一个名牌的基本要素。一个名牌成功的根本，主要来源于消费者对品牌的忠诚、信赖和不动摇。如果一个品牌缺乏忠诚度，那么一旦发生突发事件，消费者就会停止购买这个品牌的产品。可口可乐公司污染事件并未影响到中国消费者对该产品的信心，而雀巢等洋品牌奶粉被消费者冷落就能够很好地说明这个问题。

其实，在可口可乐污染事件发生之前，还发生过一件影响极大的污染事件。1999 年春天，比利时、荷兰、法国、德国相继发生因二恶英污染导致畜禽类产品及乳制品含高浓度二恶英的事件。二恶英是一种有毒的含氯化合物，是目前世界已知的有毒化合物中毒性最强的。它的致癌性极强，还可引起严重的皮肤病，甚至伤及胎儿。这一事件发生后，世界各国纷纷下达禁令，全面禁止进口北欧四国的肉、禽、蛋、乳制品。中国卫生部也于 6 月 9 日紧急下令，禁止国内各大卖厂销售欧盟四国 1999 年 1 月 15 日以后生产的受二恶英污染的肉、禽、蛋、乳制品和以此为原料的食品。

很快，中国各大商场销售的雀巢、安怡、雅培等洋品牌的奶粉变得无人问津。尽管雀巢公司多次向消费者做出解释，宣称他们的产品与“二恶英”没有任何关系。但是，消费者仍然不买账，坚决拒绝购买雀巢的产品，从而使雀巢产品的销售额一跌再跌。

同样对消费者的健康构成严重的威胁，但是可口可乐在中国的销售丝毫没有受到影响，而雀巢等洋品牌却被消费者彻底冷落，这其中的原因何在？对于这个问题，有些经济学家给予了回答。他们指出，可口可乐事件的影响没有波及中国，最主要是因为它在中国市场上建立起了品牌的忠诚度。

一直以来，可口可乐公司始终致力于顾客的忠诚度的培养。20 年来，可口可乐公司在中国的投资已经达到 11 亿美元。可口可乐公司不遗余力地在产品质量上下工夫，从而得到消费者的认可，并在消费者心目中建立起极高的忠诚度。

研究资料显示，20%的忠诚顾客创造了一个成功品牌 80%的利润，而其他 80%的顾客只创造了 20%的利润。除了可以带来巨额利润，顾客的忠诚度在降低产品的营销成本方面也有所体现。

第十章
讨价还价博弈

第一节　讨价还价博弈模式

有一块蛋糕，现在由两个孩子分着吃（分别以甲和乙表示两个孩子）。有一个简单的方法，就是甲将蛋糕切成两块，乙从中选择一块。那么甲在切蛋糕的时候，一定会让两块蛋糕切得大小尽量相同，因为是由乙先选的，如果一大一小，那么乙一定会选择大块的。

设想甲和乙在为怎么分蛋糕而讨价还价的时候，桌子上放着的冰激凌蛋糕却在不停地融化。在甲和乙每一轮的决策中，蛋糕都会慢慢变小直至完全消失。

讨价还价的第一轮由甲方提出分配方法，乙方选择同意还是不同意，同意则谈判成功，不同意就进入第二轮；第二轮由乙方提出分配方案，甲方选择同意还是不同意，同意则谈判成功，不同意则蛋糕融化了一部分，谈判失败。

对于甲来说，刚开始提出的分配方案很关键。如果乙不同意他所提的分配方案，那么即使第二轮谈判成功了，蛋糕也已经融化一半了，甲可能还不如第一轮降低条件分到的蛋糕多。所以在第一轮时，甲提出的分配方案要以这两个条件为出发点：一要尽量阻止谈判进入第二阶段；二是猜测乙方是怎么想的。

蛋糕在第二轮博弈的时候，只有原先的一半大了。所以，就算甲谈判获胜了，最多也只得到二分之一块蛋糕，而失败则什么都得不到。乙当然知道甲在第二轮时所能得到的蛋糕最多为二分之一块。所以，在第一轮时，如果甲想要的蛋糕大于二分之一块，乙就会反对，从而将博弈带入第二轮。

经过再三考虑，甲也知道了乙的计划。对甲来说，他在第一轮博弈时提出的分配方案中，自己要求分得的蛋糕一定不能超过二分之一块。所以，甲在第一轮要求得到二分之一块蛋糕，乙表示同意，谈判顺利结束。最后的结果是这样的：双方各吃一半蛋糕。

这种博弈最明显的特征就是具有成本性，对于谈判的各方来说，应该尽量缩短谈判的过程以减少耗费的成本。

我们再把上述博弈延伸一下，即假如出现第三轮博弈的情况。假设蛋糕每过一个讨价还价的轮次，就融化三分之一块大小，到最后一轮时蛋糕全部融化。这时候，我们可以用上一章我们介绍的倒推方法。假如甲乙两人的谈判到了第三回合，那么此时的蛋糕只剩下三分之一块了，也就是说，甲就算成功也最多只能得到三分之一块的蛋糕。乙也是知道这一点的，所以在第二轮的时候，他会提出两人平分第一轮剩下的三分之二个蛋糕；甲在第一轮时，就知道如果第一轮谈判失败的话，乙在第二轮会提出要三分之一块蛋糕，所以在第一轮谈判刚开始的时候，甲会直接答应给乙三分之一块的蛋糕。乙当然很不满，自己凭什么只获得三分之一块呢？但他也知道，就算不赞成这个分法，进入第二轮时，他最多也只能得到三分之一块的蛋糕。如果到了第三轮，那就几乎分不到蛋糕了。所以，乙在第一轮时会接受甲提出的分法：甲获得蛋糕的三分之二，乙获得蛋糕的三分之一。

在现实生活的这种讨价还价中，收益是会缩水的，方式不尽相同，缩水的比例也不同。但是，任何讨价还价的过程都不可能无限延长，这一点是可以肯定的。这是因为，谈判的过程总是需要成本的，在经济学上，这个成本叫作“交易成本”。我们在前面提到过两人分蛋糕的实例。随着两个孩子之间的为分蛋糕而谈判的过程，冰激凌蛋糕会融化，被融化的那部分蛋糕，我们可以称为交易成本。时间就是金钱，在这个高速运转的商业社会中，在谈判时所消耗的时间也是交易成本。就算是正在热恋的一对情侣，为去看动作片还是看爱情片而讨价还价时，他们花费的时间也可以算作成本。不仅如此，假如这对恋人为此争吵，双方的心理伤害也是巨大的，这个成本比时间的影响更大。

有很多谈判随着时间拉得越长，利益缩水得就越严重。假如各方始终坚持不愿意妥协，暗自希望只要谈成一个对自己更加有利的结果，其好处就将超过谈判的代价。当然，并不是所有的谈判都是会“缩水”的。

一个最为简单的讨价还价就是在超市里，卖方会明码标价，买方觉得价格合适就买，不合适就不买，或者去别的超市看看。

在商业谈判中，如果迟迟不能达成一致，那么买家会失去一次使用新产品的机会，而卖家将会失去抢占市场的机会。国与国之间也是一样，如果两国或多国之间的贸易谈判一直久而未决，那么，他们在争吵收益分配的时候，已经丧失了贸易自由化带来的好处。所以，对于参与谈判的各方来说，都愿意尽快达成协议。

虽然参与者都希望尽快结束谈判，但“马拉松式”的谈判仍然存在，这是因为参与谈判的双方还没有对“蛋糕的融化速度”达成共识，换句话说，他们还没有对未来利益的流失程度达成一致。

在确定谈判规则的时候，策略行动可能就已经开始了。假如双方中的一方提出的条件在第一轮能够被对方接受，那么谈判在第一轮就会达成一致，这样也就节省了时间，也就不存在第二轮、第三轮……但如果双方第一轮不能取得共识，那么只能一轮一轮地谈下去，直至达成一致为止。所以，在谈判时，你提出的第一个条件是否能够吸引对方让其接受是非常关键的。

讨价还价博弈，只要博弈阶段是双数时，双方分得的蛋糕将是一样大小；博弈阶段是单数时，先提要求的博弈者所得到的收益一定好于后提出要求的博弈者，不过，这种差距随着阶段数的增加会越来越小，最后的结果是，每个人分得的利益接近于相等。而讨价还价博弈就是为了使自己的利益达到最大化。

第二节　坚持与妥协

生活中以坚持为自己换来收益的事有很多，有许多读者就是这样。我们知道，新书多半是在精装本出版后的一年左右才会出版平装本。读者抓住书商们的这个特点，在精装本出版时并不去买，因为它太昂贵；而平装本就要便宜多了，所以他们一般是等着买平装本，这样就省下不少钱。当然了，精装本还是有人买的，有些没有耐心的读者是不会在意价格的。

马丁·路德抨击了教皇及其顾问班子。天主教会要求他公开承认错误，并让他收回这样的主张。但他拒绝公开认错："我不会违背自己的良心，所以我不会收回任何一点主张。"而且面对天主教的威胁，他一直不放弃："我绝不会屈服，我会坚持到底。"以自身立场的神圣为基础，马丁·路德拒不让步，他认为自己就是正确的。当然了，为此他也受到了教皇派的强烈仇视。他坚定的立场促使新教改革运动的诞生，改变了欧洲中世纪的天主教会，对欧洲产生了深远的影响。

而在国与国之间，坚持也是一股强大的力量。"二战"之初，法国战败。法国将军戴高乐逃亡英国，成为"自由法国"的领导人。但就算有这样尴尬的过去，他与罗斯福和丘吉尔谈判时，仍然坚持自己的立场。到了60年代，作为总统的他经常说"不"，欧洲经济共同体迫于无奈，多次按照法国的意愿修改决策。

1963年和1968年，戴高乐两次单方面宣布要将英国拒于欧共体之外，他的这个立场很坚定。对于其他国来说，只有两个选择：接受和放弃。戴高乐在提出这样的立场之前，已经小心地衡量过，他有把握让自己的立场被接受。戴高乐这么做，使法国取得了巨大的利益，这当然要归功于他的坚持。

战争也是如此，对于战争的双方来说，都需要坚持。因为它是一个靠庞大的后勤消耗来支撑的，这就意味着，战争每进行一天，战争的得益就减少相应的数量。这种情形就正如《孙子兵法》中说的那样：“故兵贵胜，不贵久。”但这里的“久”并不是指双方都不要坚持，而是对一方而言的，而对于防守方来说，坚持确实是最好的选择。美国攻打伊拉克，虽然胜利了，但花费远比其消灭的敌人高，就是因为“恐怖组织”在自己的地盘上更能坚持。

在一场势均力敌的战争中，判断双方胜负的一个重要依据就是“哪一方能坚持”。

即使是在一场力量不对称的战争中，坚持依然很重要。这时的情形是这样的：战争的一方急于进攻，另一方却高挂免战牌，如果弱势的一方能坚持的话，那最后强的一方将不得不退兵。

刘备在攻打西川时，苦战几年，才攻到成都。懦弱的刘璋选择了投降，没有听许多下属的劝阻，把成都外围的百姓迁入成都，粮食烧光，坚壁清野。倘若刘璋能坚持，刘备便不一定拿得下西川，最起码不能这么顺利。

在我们的生活中常见这种现象：非常急切的买方，往往要付高一些的价钱购得所需之物；急切的销售人员，往往也是以较低的价格卖出自己所销售的商品。正是这样，富有经验的人买东西、逛商场时总是不紧不慢，即使内心非常想买下某种物品，也不会在商场店员面前表现出来；而富有经验的店员们总是会以“这件衣服卖得很好，这是最后一件”之类的说法劝诱顾客。

事实上，上述的做法都是有博弈论的依据的。在博弈理论上已经证明，当谈判的多阶段博弈是单数阶段时，最先开价者具有“先发优势”，而双数阶段时，第二个开价者具有“后动优势”。

对于任何谈判都要注意，一方面尽量摸清对方的底牌，了解对方的心理，根据对方的想法来制定自己的谈判策略。另一方面，就是耐性，谈判者中能够忍耐的一方将获得更多的利益。我们凭借直觉就可以判断，越是急于结束谈判的人会越早让步妥协，或做出更大的让步。在前面分冰激凌蛋糕的博弈中，如果考虑每一方谈判时间的价值，就可以在数学上严格地证明这一直觉的合理性。

这一策略完全可以转化为生活中的小诡计。设想你在公司会议上做报告，在场的有些人与其说是同事，不如说是敌人。他们憋足了劲要对你的方案吹毛求疵。对付他们，你可以用这个方法：在会前发的提纲里，只简述主要内容，有意略去某些细节和解释。他们会以为你忽略了某些方面，并以你的这些缺点来攻击你。开会时，当他们扬扬得意地把那些问题提出来后。你可以马上打开投影仪，侃侃而谈，显得比投影屏幕都光彩夺目。于是你立刻成了大家心目中的英雄，对手们下次发难，就得三思而行了。

这个招数还可以用于别的情况。当你努力改变别人的看法时，比如应聘面试、商业谈判和资格口试等，都可以先假装糊涂，然后再旁征博引，把各种理据一一道来。

孩子们也会利用这个招数。他们先是“忘了”告诉你他们懂的东西，但在你没有料到的场合，却会突然说出那方面的知识，让你称赞一番。比如你为儿子开生日聚会，一切都顺利，参加聚会的孩子都很乖。当大家唱完生日歌，鼓掌祝贺的时候，你儿子却突然开始独唱生日歌，而且唱的是俄语！这让你大吃一惊，又暗自得意。你从来不知道儿子会唱俄语歌，更没有想到他敢在大庭广众之下露一手。

总之，在别人毫不提防的情况下，提供重要事实，或者表演绝招，都可以使你更引人注目。这是从讨价还价的博弈中引申出的智慧。

第三节 等待成本

唐朝有个县令刚到任，便来到了一个小村子。

见到当地的村官，他问：“你们这里的鸡蛋什么价啊？”

村官答道：“一文钱三颗。”

这位县令便对村官说：“替我买三万颗鸡蛋。”说完便掏出一万文钱来。接着又补充道，“鸡蛋太多了，我无法取走，劳烦你安排村中有母鸡的人家，帮我把这些鸡蛋孵成小鸡。”

村官自然不敢反抗，便把这些鸡蛋平均分给村里有母鸡的人家。几个月后，县令找到村官，问他小鸡孵出来没。虽然小鸡死了不少，但是他不敢这么说，只得说小鸡全部孵出来了。县令就问他，一只小鸡可以卖多少钱。他回答说，可以卖三十文。县令便要求他把小鸡卖了。他很无奈，只能按一只三十文的价钱，一共九十万文给了县令。

县令又来到另一个村，问当地的村官：“你们这里的竹笋什么价？”

村官回答道：“一文钱五根。”

县令拿出一万文钱来，对村官说：“给买五万根竹笋，不过，我暂时不需要那么多笋，你就把它们种在你的竹园里吧。”

秋天的时候，竹子成熟了，长大的竹子一根可以卖十文钱。村官接到县令的命令，卖掉竹子，并把钱给县令。村官无奈只得给县令五十万文，因为这些竹子有很多没有成活，村官不得不自己搭上了一些钱。

很显然，县令是很无耻的。他只投资了两万文，却赚到了一百四十万文。但是这中间的其他费用，都是由村官及村民们分担的。以博弈论的观点来看，这就是减少了自己的等待成本，也就是“借鸡生蛋”。

讨价还价的博弈中，能坚持的最后一般会分到较大份额。各方在这个过程中必须猜测对方的等待成本，等待成本较低的一方，就能占到上风。对于自己来说，符合自身利益的做法就是宣称自己的等待成本很低。

我们看看下面这一段对话，就是在不断降低自己的等待成本，获得最大的利益。

“老板，这个多少钱？”

“68 块！”

“68 块？你抢啊，10 块卖不卖！”

“你给 50 吧！”

“还是太贵了，15 块！”

“我再让一点，45 块，不能再少了！”

“我再加 5 块，20 怎么样？”

“最低 40，这基本是原价了。”

“最高 30，不卖算了，我到别处看看。”

“35 卖你，唉！我都不赚钱了。”

“那就 35 吧，还不赚钱？赚大发了你！”

从博弈论的角度来看，这是一个讨价还价的博弈。在这个博弈中，参与者的利益是相对的，一方利益的增加就意味着另一方利益的降低。但是，双方的最终目的是希望达成某种协议，他们的利益也有一致的地方。于是，在达成协议的底线基础上，双方就会为自己争取最好的结果而努力。

不仅仅买方和卖方存在这样的博弈，在父母和孩子之间，也存在着讨价还价博弈。作为父母，他们希望引导孩子向他们期望的方向进步；但对于孩子来说，在父母的过分关爱之下，反而没有自己的选择，有一种被约束的感觉。这个时候，讨价还价的基础开始形成，父母希望孩子沿着他们安排的“光明大道”走，而孩子希望能“做回自己”。如此一来，双方就会经常发生类似下面的“讨价还价”。

孩子：我下午出去玩一会儿。

母亲：不行，你作业写完了吗？你钢琴练了吗？你……

孩子们会用不同的方式来影响父母，促使他们改变决定；而父母也会用不同的方式让子女多学习，并让子女“前进”在自己为他们安排的道路上。

可以说，讨价还价是非常有趣的一种博弈，我们甚至可以说它是创造生活艺术的一种具体方法。

张某新买了一套房子，因为搬家带来的十几盆花无处摆放，就打算请人过来，在窗外钉花架。来钉花架的是王师傅和他的徒弟。因为怕他们糊弄自己，钉的花架不结实，张某这天还特意请了假。王师傅驾轻就熟，17层的高楼他一脚就伸出窗外，稳稳地骑在窗口。只见他从嘴里吐出钢钉，不断地往墙上钉着。没过

多久，花架就钉好了。

张某有些不放心，就问王师傅花架是否结实。王师傅得意地说，我的技术你放心。张某也没有反驳，马上找来纸笔给王师傅，让他签上自己的大名，就说这花架是他做的。王师傅有些犹豫，那眼神似乎在说，有必要签名保证吗？张某说，不敢写就表示还不够结实，如果够结实你为什么不敢签呢？我是不会验收不结实的东西的。王师傅无奈，只得写了保证书，不然就收不到钱。然后，他严肃地对徒弟说："出去再多钉几根长钉子！万一出了事，我们可是要负责任的。"随后，师徒二人又去检查了一番，足足忙了半个多钟头才离去。

如果你不想陷入某种境地（指花架出现问题可能带来的危险），那么在预见到这种后果后，在自己讨价还价能力仍然存在的时候（花架钉好还没有付钱的时候），就要充分运用这种能力。也就是说，如果你是卖家，就应该争取对方先支付部分款项，再正式交货给买家；如果你是买家，就要争取先验货或者试用再付款。其实这种策略在生活中也可以灵活变通地加以应用，而不仅仅局限于商业。

因此，通过改变我们与对手之间的位置，来创造一个对自己最佳的讨价还价优势，是很重要的。

第四节 价格歧视

在希腊神话中，海伦是最美的女人，因此也拥有众多追求者，奥德修斯就是其中之一。海伦的追求者们为了避免冲突，相互商量出一个协议：由海伦本人来选丈夫，不管选的是谁，其他的追求者都不能反对，而且要支持她的选择，并保护她所挑选的男人。可惜的是，奥德修斯并没有被海伦选中，但他还是发誓要保护她。

海伦结婚了。没过多久，特洛伊战争爆发，海伦被绑到了特洛伊。海伦的丈夫找到那些曾经发誓要保护她的男人，要他们跟自己一起上战场，攻打特洛伊，救出海伦。但这时奥德修斯已经有美满的婚姻，而且儿子刚刚出生，所以他并不想遵守他的誓言。而且，根据神谕的指示，假如他去打仗的话，20 年都回不了家。所以，他根本不想和他们一起去救海伦。

希腊人果然找到了奥德修斯，要求他去救海伦。但奥德修斯装疯卖傻，以此来躲避他们的征召。希腊人几乎要放弃他了，因为发疯的奥德修斯在战场上将毫无用处。但帕拉米狄斯对这件事起了疑，他认为奥德修斯是假装的。帕拉米狄斯将奥德修斯刚出生的儿子抱来，放在奥德修斯面前，看看他是否会伤害自己的孩子。当然，这是为了证明奥德修斯的头脑是否还是清楚的。如果奥德修斯伤害了自己的儿子，就证明奥德修斯确实疯了；如果他没有伤害自己的孩子，就证明他还是清醒的。奥德修斯本来就是假装的，他怎么可能伤害自己的孩子呢？所以，这个方法让他装疯的事情暴露无遗。

奥德修斯要想继续装疯卖傻，就必须付出很高的代价。结果是很明显的，奥德修斯被逼无奈，只能和希腊的军队一起去攻打特洛伊。最后，希腊人战胜了特洛伊，但奥德修斯的结局被神谕应验了，他直到 20 年后才回到家乡。

之所以在这里讲这个神话故事，是因为这则神话中蕴含着关于博弈论的知识。有两个“奥德修斯”，一个正常，另一个装疯卖傻。正常的奥德修斯和发疯的奥德修斯在行为上有明显的不同，这被帕拉米狄斯证实了。也就是说，利用“自选择”的机制，帕拉米狄斯让奥德修斯自动表现出自己的类型。

同一种商品，不同的客户去买，他们愿意付出的价钱是不同的。因此，对每个人都制定同样的价格会减少你的利润，所以大部分商家和机构对自己的产品都制定出不同的价格来提高自己的利润。这就是价格歧视。

假设有一种产品市价是 20 元，甲需要这种产品，而且条件允许，他会毫不犹豫地买下这种产品。而乙也需要这种产品，但他只愿意付 15 元。假如现在你是这种产品的拥有者，而且卖 15 元依然赢利，那么你卖不卖呢？很显然，你不光会卖给甲，也会卖给乙。

下面我们从总的方面来看看价格歧视在生活中的应用，不管你是商家的负责人，还是消费者，都会对你有一定的帮助。

学生去看电影，只需出示学生证，就经常能买到打折票。假如你不是学生，就没有这么好的运气了，只能买原价的票。为什么电影院会给学生比较低的票价?

假如我们把电影票的价格降低5元，那么看起来是电影院在每张降价票上损失了5元的利润，其实不然，因为这可以使卖出的总票数有一定的增加，也就是说，如果不降价的话，就没有这么多的人来看。而且对于电影院来说，根本无须付出什么成本，因为播放厅以及一些设备都是现成的，多一个人来看就等于多赚一份钱，何乐而不为呢?但是，作为电影院来说，他们并不知道降价后到底会多卖多少张票，因为这不是他们能决定的，这是由顾客的“价格敏感度”而定的。无论票价怎样变，有些客人依然会看，对于电影院来说，这些客人的价格敏感度就是很低。对于这些人，电影院方面希望他们都买原价的票，因为原价他们依然会来看。但是，有一部分客人的价格敏感度很高，他们很容易受到价格变化的影响，也就是你便宜我就看，不便宜我就不看。他们只有在电影票降价的时候，才可能去电影院看电影。所以，电影院会对那些价格敏感度高的顾客打折;而对那些价格敏感度低的顾客，电影院还是会以原价来卖票。当然了，这两种顾客怎么区分是电影院面临的一个问题，因为我们无法区分两种顾客的现实区别:谁是敏感度低的人，谁又是敏感度高的人。

对于学生来说，昂贵的电影票价让他们望而却步，因为他们一般没有收入。如果降低价格的话，或许可以令他们走进电影院。相对来说，大学生的空余时间还是比大多数的上班族要多，因此，如果有这种机会的话，学生们还是很愿意跑到电影院去看电影的。

作为一种教育机构，大学也经常会在学费上进行价格歧视。

很多大学的学费很高，不过，有一部分学生可以领取助学金，而其他大部分学生是付全额学费的。

相对于有钱人家的学生，家境贫困的学生更在意大学的学费。所以，对于价格的敏感度，贫困学生会比家境富裕的同学要高。比如现在有两个高考分数差不多的学生，两人几乎同样优秀，而且都考进了某学院。但是，他们两个一个有钱，另一个没钱，没钱的几乎没有交学费的能力。如果学院只能给其中一位学生助学金的话，那么显然要给贫困的一个。只有这样，两个优秀的人才才能都来到这家学院读书，之所以不给家境富裕的，是因为就算不给，他依然能来学校读书。而困难的学生则不然，他可能因此到愿意为他出助学金的学校去，甚至因此辍学也是有可能的。

如果大学为某个学生提供为数可观的助学金，那么学校就会要求这个学生提供贫困证明，如父母的收入等。而且学校的这种助学金一旦落实到学生手里，是不能让给别人的。

学校实行价格歧视是很容易的，而对于企业来说，要进行这种价格歧视就比较困难。仍以上面的电影院为例，电影院决定对学生买电影票进行打折。但是，一些并不是学生的人士很可能给学生一点好处，让学生买打折票给自己。所以，对于企业实行价格歧视，一定要灵活运用，以不同的方式来决定哪些顾客值得享受打折的待遇。

那么企业是如何制定价格歧视的呢？“自选择”是企业常用的手段之一，它们常常以此来吸引不同的顾客。对待不同的顾客，它们会用不同的方式。企业在顾客“自选择”成不同的群体后，再通过价格歧视，以此来提高自己的利润。

优惠券就是很好的办法，它可以让顾客“自选择”成两组：一是对价格敏感的顾客；二是对价格不敏感的顾客。为了打折优惠，你必须忍受缓慢的结账排队。但是，优惠券能为价格敏感的顾客提供打折优惠，还能有效区分顾客。

有些优惠券就是发的传单，你必须花时间把这些收集起来，因此，这等于是让顾客用时间来换取金钱。因此，那些时间比较充裕的人最喜欢用优惠券。也就是说，最喜欢使用优惠券的人可以四处寻找商场的各种优惠传单。而对于一些商场来说，它们也喜欢把这些优惠券发给这些人。当然了，有一部分人并不在意优惠券，他们不管有没有优惠券都会买他们需要的商品。与那些有优惠券的相比，他们用了稍多一些的金钱买到同样的商品。这也是商场乐于看到的，如果人人都拿着优惠券，那反而不正常了。

在电影院，学生必须出示学生证明，以便将自己同其他顾客区分开来，享受学生票优惠；在大学里，助学金申请人提供父母收入等资料，以便将自己同其他学生区分开来，接受助学贷款帮助。这两者其实都是一个分类的过程。而优惠券则是靠顾客自行分类，也就是靠“自选择”来区分顾客，使用优惠券的人基本是那些价格敏感度高的人。

为了从顾客身上获得最大的利益，同一样商品，面对不同的消费群要定出不同的价格。但是，你需要知道的是，对于每个顾客来说，他一定不希望自己买同样的商品比其他人多付钱。怎么克服这一难题要根据自己的经营方式，以及销售环境来定。

第十一章
路径依赖中的博弈

第一节　马屁股与铁轨

四英尺又八点五英寸，这是现代铁路两条铁轨之间的标准距离。这一数字是怎么来的呢？

早期的铁路是由建电车的人负责设计的，电车所用的轮距标准就是四英尺又八点五英寸。那电车的轮距标准数字又是怎么来的呢？因为早期的电车是由以前造马车的人负责设计的，造马车的人显然很懒惰，直接把马车的轮距标准用在了电车的轮距标准上。那么，马车的轮距标准又是怎么来的呢？因为英国马路辙迹的宽度就是四英尺又八点五英寸，所以马车的轮距就只能是这个数字，不然的话，马车的轮子就适应不了英国的路面。这些辙迹间的距离为什么又是这个数字呢？因为它是由古罗马人设计的。为什么古罗马人会设计用这个数字呢？因为整个欧洲的长途老路都是由罗马人为其军队铺设的，而罗马战车的宽度就正是四英尺又八点五英寸，在这些路上行驶，就只能用这种轮宽的战车。罗马人的战车轮距宽度为什么是这个数字呢？因为

罗马人的战车是用两匹马拉的，这个距离就是并排跑的两匹马的屁股的宽度。

后来，美国航天飞机燃料箱的两旁，有两个火箭推进器，是用来为航天飞机提供燃料的。这些推进器造好之后，是用火车来运送的。途中要经过一些隧道，很显然，这些隧道的宽度要比火车轨道宽一点。由此看来，铁轨的宽度竟然决定了火箭助推器的宽度。我们在上面已经提过，铁轨的宽度是由两匹马屁股的宽度决定的，这么说，美国航天飞机火箭助推器的宽度竟然与马屁股相关。

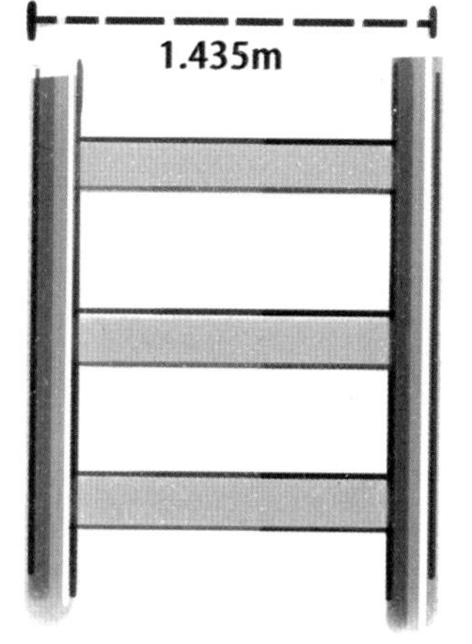

这只是现实生活中的一种普遍的现象，而在博弈论中，我们称为“路径依赖”。

1993年，诺贝尔经济学奖的获得者诺思提出了“路径依赖”这个概念，即：在经济生活中，有一种惯性类似物理学中的惯性，一旦选择进入某一路径（不管是好还是坏）就可能对这种路径产生依赖。在以后的发展中，某一路径的既定方向会得到自我强化。过去的人做出的选择，在一定程度上影响了现在及未来的人的选择。

“路径依赖”被人们广泛应用在各个方面。但值得注意的是，路径依赖本身只是表述了一种现象，它具有两面性，可以好，也可以坏，关键在于你的初始选择。在现实生活中，报酬递增和自我强化的机制使人们一旦选择走上某一路径，要么是进入良性循环的轨道加速优化，要么是顺着原来错误路径一直走下去，直到最后发现一点用处也没有。

一家公司的十几位白领，上班的地方是一间约 100 平方米的办公室，他们很平静地在这里工作着，每天重复着上班下班的生活。

但是，一个人打破了这种平静。其实他自己觉得没做什么，但在同事们看来，他却做了一件不可思议的事：他在整齐划一的办公桌之间的隔板上加了一块纸板，这样看起来，他的座位隔板比左邻右舍高出了一节。他并没有选择在上班的时间加那块纸板，而是选择在下班之后。

同事们第二天上班时发现了那块纸板的存在。

他们一致抗议：这块加高的纸板打破了整个办公室的协调与统一，影响这间办公室的美感。看他们反对时的神态就知道，这块隔板不仅伤害了他们的感情，而且损害了他们的利益。他们说，这块纸板是与众不同的东西，不适合放在办公室里，它的存在是对周围环境的破坏。

公司的一个领导来到公司时，也发现了这个变化。这事不在他的管辖范围之内，他也并不在这间办公室里工作，但他还是对这个变化做出了“指示”:“好好的，为什么要加一块板呢？不要搞特殊。”不过，他也只是说说，并没有要求即刻拆除。同事们都说不该这么做，但谁都没有“暴力”将之拆下来。

在这之后的几天，大家还是这么议论着，但已不像开始那么激烈。一周之后，基本没人再提起这件事。再后来，同事们已经习惯了那块起初被视作眼中钉的纸板，并渐渐地习以为常。那么，既然这块纸板并不影响他们，他们当时为什么还要强烈地反对呢？难道真的是因为纸板破坏了办公室的美感？就算是，它所产生的美学破坏力应该是极小的。但是，这块纸板反射出社会的群体被个体冒犯后要付出怎样的代价。

在博弈论中，有一个进化上的稳定策略，是指种群的大部分成员采用某种策略，上面的故事就很好地反映了这个策略。对于个体来说，最好的策略取决于种群的大多数成员在做什么。

在稳定策略中，存在着一种可以称为惯例的共同认识：大众是怎么做的，你也会怎么做，有时你也许不想这么做，但最后还是和大家的做法一样。而且，在大家都这样做的前提下，我也这样做可能是最稳妥的。因此，稳定策略几乎就是社会运行的一种纽带、一种保障机制、一种润滑剂，从某种意义上说，它就是社会正常运转的基础。

那么现在你可以想一下：当所有其他人的行动是“可预计的”，那么在这个时候，你的行动也会是这样。那么，这也就是在说明：有时候你是机械地根据一种确立的已知模式来选择，而不是用自己的理性来选择。

在上述的例子中，没有隔板就是大家共同认定的一种“惯例”，而现在你加了一块隔板，那么你就打破了这个“稳定策略”。你的实际行动对过去的惯例产生了偏离，所以，遵守这个惯例的同事们开始反对你。其实，当时加一个隔板并不影响别人，他们之所以反对就是因为稳定策略。稳定策略的形成过程，也就是被后人称为路径依赖的社会规律。

第二节　超速行驶

在这个博弈里，一个司机的选择会与其他所有司机发生互动。

《中华人民共和国道路交通安全法》等法规规定：车辆的行驶速度不能超过一定的限度，而这个速度的数值在高速公路和在城区是不一样的。以北京市为例：在二环、三环和四环路内的车速不能超过 50 ~ 80 公里 / 小时；长安街、两广大街、平安大街、前三门大街限速为 70 公里 / 小时；五环以外（包括五环）的车速不能超过 50 ~ 90 公里 / 小时；京津塘高速路的限速为 110 公里 / 小时；机场高速路最高限速为 120 公里 / 小时。假如车辆超速，视情节轻重相应地给予罚款、记分直至吊销驾驶执照的惩罚。

你在这种规定之下怎么选择自己的行驶速度呢？

假如所有的人都在超速行驶，那么你怎么做？你也要超速。原因如下：一是驾驶的时候，与道路上车流的速度保持一致才能安全。在大多数高速公路上，假如别人的车速是 70，而你的车速是 50，你想想会出现什么后果。二是假如别人都在超速行驶时，你跟着其他超速车辆基本不会被抓住。所谓法不责众，难道交警能让这些超速的车全部停到路边处理吗？只要你紧跟道路上的车流前进，那么总的来说，你就是安全的。

反过来，如果越来越多的司机遵守限速规定，那上述的情况就不会出现。这时，如果超速驾驶的话是很危险的。试想一下，你比别人开得快，那就意味着你需要不断地在车流当中穿来插去，这样不仅很容易出事，而且被逮住的可能性很大。

在超速行驶的案例中，事情朝着两个极端发展：要遵守规定就都遵守规定；要超速就都超速。因为一个人的选择会影响其他人，当这一选择达到一定的数量时，你这个选择就是对的。假如有一个司机超速驾驶，那么他旁边的司机就会心动：要不要跟上？假如旁边的司机选择跟上，那么后面的司机也会考虑……假如人人超速驾驶，谁也不想成为唯一落后的人；假如没有人超速驾驶，那就谁也不会第一个出头，因为那样做没有任何好处。

某家电公司的高层主管们正在会议室为自己新推出的加湿器制定宣传方案。

在现有的家电市场上，加湿器的品牌有许多种，竞争非常激烈。为推销自己的产品，每一个商家都奇招频出，大力宣传自己的品牌。所以，要想在这样的情况下，将自己的加湿器成功地打入市场是很困难的。会议室里的主管们都沉默着，因为他们毫无办法。

一个新任主管打破了沉默，他说："如果非要在家电市场做宣传，我也没有什么好的方案，但我们一定要局限在家电市场吗？"所有的人都愣住了，等待着他继续说下去。

"我曾看过我老婆做美容用喷雾器，当时就想，如果把我们的加湿器定位在美容产品上，效果会不会更好？"

总裁听完眼睛一亮，站起来兴奋地说道："不错，这主意真不错！我们就以这样的方式推销加湿器！"

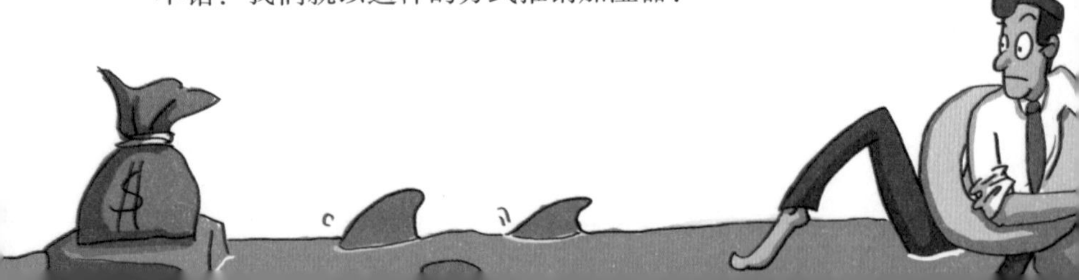

方案有了，实施起来就不会太难。在他们新推出的加湿器广告中有这样的话：加湿器，给皮肤喝点水。就这样，作为冬季最好的保湿美容用品，加湿器正式出现在市场上。新的加湿器一上市就成功地抢占了市场，并取得不俗的销量。

在竞争日益激烈的家电销售市场中，每一种品牌都想提高自己的知名度，办法也是层出不穷。在这种情况下，如果你依然在家电市场中苦苦支撑，那么就算你能坚持得住，也要付出较大的代价，而且效果不好。

给自己的产品寻找一个新的角度，重新为自己的产品定位。家电公司的这一全新理念为自己赢来了一个新的市场、新的利润渠道。这样的创新不仅使他们避开了激烈的家电市场竞争，更重要的是使消费者重新认识了加湿器，也成功地推销了自己的产品。

第三节　香蕉从哪头吃

社会上有许多这种路径依赖博弈，当然有好的、积极的一面；但也有不好的、消极的一面。还有一种博弈，它不好也不坏，我们暂时称为“中立”的路径博弈。

在一次采访中，一位美国在华投资人说：“一般来说，美中两国的习惯有很多不一样的地方，以吃香蕉为例：中国人总是从尖头上剥，而美国人吃香蕉是从尾巴上剥的。虽然有差别，但这种差别并不妨碍两国关系。而且两种吃法都没有错，不能说从尖头吃就不对，也不能说尾巴那一端开始剥是错的。习惯不一样，不一定就非要谁必须改变对方。”

其实许多事情都是这样，有的人喝咖啡喜欢加糖，有的人就喜欢咖啡的苦涩。你不能说谁是错的，只是每个人的习惯不一样而已。所以，在现实生活中，当别人没按你的方式做某件事情，但他还是顺利地完成了，不要责怪人家方法不对，说不定人家在心里也是这样说你。

有两个人，一个懒惰，另一个勤劳，他们各养了一条金鱼。懒惰者虽懒惰，但金鱼还是能养好的，和勤劳者不同的是，他一月才为金鱼换一次水，而勤劳者基本是每天换一次水。有一天，懒惰者注意到勤劳者竟然一天换一次水，他便觉得自己太懒了，怎么能一个月才换一次水呢？于是，他也学勤劳者，改为一天换一次。但是，他的金鱼第三天就死了，因为它适应不了频繁的换水，以前都是一月一换的。这里并不是要让你像懒惰者一样懒，主要是强调当一种无害的路径博弈形成时，就不要尝试改变了，除非它是有害的。

香蕉可以从两头吃，我们为什么要改变自己剥香蕉的方式呢？有时候不妨先试试换个角度去想，要不要改变自己的想法？这些想法还是有意义的吗？

日常生活中存在着种种惯例，也就是我们平时所说的规范。这些规范不像种种法律法规和规章制度那样是一种正式的、由第三者强制实施的硬性规则，只是一种非正式规则、一种非正式的约束，但是，它巨大的影响力时刻影响着我们的生活。

这些稳定的规范支配着我们的生活。早起我们洗脸刷牙，你要是不洗脸和刷牙有没有错？没有错。我们都在 12 点左右吃午饭，你要是不在这个时间段吃行不行？可以……我们可以不这么做，但我们还是这么做了。

稳定策略能提供给博弈参与者一些确定的信息，所以在社会活动中，它就能起到节省人们交易费用的作用，例如格式合同。

格式合同又称标准合同、定型化合同，是指当事人一方，预先拟定合同条款，对方只有两个选择：完全同意和不同意。所以，对另一方当事人而言，必须全部接受合同条件才能订立合同。格式合同在现实生活中很常见，车票、保险单、仓单、出版合同等都是。这种种契约和合约的标准文本就是一种稳定策略。

如果没有这种种标准契约和合约文本，就等于你每次坐长途汽车前都要找律师起草一份合约，坐船和飞机也都是如此……如果是这样的话，那么你一辈子就如同活在这些简单的合同里。

不过，有时候一些习惯的改变可以带来意想不到的效果，当然只限于那些可以改的习惯。

有一份实地调查报告，是关于客户流失的调查。结果显示，客户流失主要有两个原因：一是商家不愿经营本小利薄的产品，从而使一些顾客转到别的商家购买；二是商家的服务质量差。

在现实生活中，当你要买彩电、洗衣机、冰箱之类的家用电器时，到任何一家商场都能买到。可要是买几个螺丝钉，或者纽扣、针线之类的小物品，就算跑遍周边的各大商场都没有卖的。最后，自己不得不专门去卖这些东西的批发部一趟才买得到。这样的情况，很多人遇到过。这是因为许多大型商场销售的产品是按能赚取的利润来安排的，赚取的利润高就能上架，而一些本小利微的便民商品就看不到了。

而实际上，如果商家有创新的思维模式，自己多弄几样本小利微的小件物品是有好处的。因为在大家的日常生活中，虽然平时购买本小利微的商品的顾客寥寥无几，但是，只要商家店里有这些东西，便会给消费者留下一种很亲切的感觉。在大商厦里，如果能摆设几个像家庭主妇喜爱的针线纽扣之类的柜台，无论是对消费者，还是对商场来说，都是有利的。因为这些小的商品可以增加你的客流量，那些专门来买这些小物件的顾客来到大商场里，不会只买这么一个小物件就回去吧，他们既然来了，肯定还会看看别的物品。所以，虽然这些小的商品利润不高，但有它们在，别的物品卖得就更好了。如果你能这么做，那么和别的卖场相比，你企业的良好形象就在无形之中树立起来了。

如果因循守旧，那做同一件事的代价只会越来越大。

因此，不管是个人还是企业，都要尽早发现自己的潜力。因为，如果某项技术被先开发出来，而且已经开始投入使用了一段时间，那么就算你的技术比前者更好，恐怕也不如前者卖得好。因此，我们在做一些技术研究时，不仅要研究什么技术能适应今天的需要，而且要考虑什么技术最能适应未来。

第四节 挣脱路径的束缚

春秋时期，楚庄王任用政治家孙叔敖为令尹。在他的治理之下，楚国的实力不断增强。国力增强了，冲突是免不了的。所以楚国必须相应地提高军事实力，而在春秋时期，作战用的战车就是军事实力的表现之一。楚国民间的牛车底座很低，坐矮车已经是楚人的习惯了，但这种矮车不适用于做战车。楚庄王打算下令提高车的底座。孙叔敖说："如果您想把车底座改高，不一定要下令，'令'多会使民众不知所措。君上只要下令让各个地方的城镇把街巷两头的门槛提高就可以了。乘车的人不可能过门槛而频繁下车，因为他们都是有身份的君子，只要我们这样一改，他们很自然就会把车的底座随之加高。"

庄王没有发布政令，听从了他的建议，由官府机构开始，统一改造高车乘用，放弃了底座低矮的车。同时，在大小城镇的街巷两头设一较高的门槛，矮车通行时会被卡在那里，靠人推才能通行，只有高车才能通过。过了一段时间，全国的牛车底座都加高了。

从路径依赖理论可以知道，人们一旦做了某种选择，惯性的力量会使这一选择不断自我强化，并在头脑中形成一个根深蒂固的惯性思维。久而久之，在这种惯性思维的支配下，人终将沦为经验的奴隶。

这也是路径博弈有消极的一面的原因，那么，我们这个时候就不能再和别人一样，一切都按照“规矩”来。我们要改变这种“规矩”，换个角度看问题，就是要转换自己的思维方式。

零售店有两种冰激凌，它们的配料和口味以及其他方面完全相同，不同的是，一块比另外一块更大一点，如果你买大一点的，是不是愿意比买小一点的多付一些钱呢？

毫无疑问，你一定同意多付一些钱，只要是理性的人都会是这种判断。人们在买质量好一点的东西时，他们宁愿多付一些钱。但是，现实生活中的我们并不一定总能分清到底是哪个大、哪个小。

我们把上述的两种冰激凌装入两个杯子中，一杯冰激凌是400克，装在可以盛500克的杯子里，所以这时的杯子是不满的；另一杯冰激凌有350克，却装在能盛300克的杯子里，看上去都快要溢出来了。两个杯子里的冰激凌价格都是一样的。亲爱的读者，如果是你的话，你会选择哪一杯呢？

如果人们喜欢杯子，那么500克的杯子也要比300克的大，就算冰激凌吃完，还可以用杯子盛别的东西；如果人们喜欢冰激凌，那么400克的冰激凌比350克多。无论上述哪一种情况，都是选择不满的那一杯划算。

但是，经过反复的实验表明：最终选择350克的人占大多数。

有时候，人在做决策时是用某种比较容易评价的线索来判断，而并不是去计算一个物品的真正价值。在冰激凌实验中，我们大部分人的选择就缺乏理性的思考。“冰激凌满不满”就是我们判断优劣的根据，我们以此来决定给不同的冰激凌支付多少钱，这种思考方式使我们花费更多的钱却买到了更少的东西。

而一些商家就是抓住这一点来促销的：麦当劳里的冰激凌整个是螺旋形的，看起来冰激凌高高地堆在蛋筒之外，是感觉很多、很实惠，但几下就吃完了。肯德基的薯条也有大小包之分，大家都说买小包最划算，其实只是因为小包装得满满的。如果真的算起来，买小包还是不如买大包划算。人们总是非常相信自己的眼睛，但我们的眼睛被生活中的一些“这是满的”外表所迷惑了，实际上仅仅用眼睛来选择东西是不行的。

为了能够对这个问题了解得更清晰，我们再看看一个餐具实验。现在有一家正在清仓大甩卖的家具店。你看到两套餐具，其中一套是这样的：汤碗 8 个、菜碟 8 个、点心碟 8 个，一套共 24 件，每件都是完好无损的；另外一套餐具：包含上一套的 24 件，而且与前面说的完全相同，它们也是完好无损的，除此之外，还有 8 个杯子和 8 个茶托，其中 2 个杯子和 7 个茶托是破损的，加起来一共 40 件。实验的结果是：人们宁愿花 120 元买第一套，也不愿意买标价是 80 元的第二套，但是第二套又确确实实比第一套“超值”。

为什么会这样呢？要知道与第一套餐具相比，第二套多出了 6 个完好无损的杯子和 1 个完好的茶托，但我们为什么在它的价格比第一套还低的情况下，仍不愿意花钱买走它呢？因为这套餐具破了几个，已被消费者归入次品行列，人们要求它廉价是理所当然的。这就是我们生活中的“完美性”概念。在销售商品的过程中，商家往往利用人们的这种心理偏差所做的选择来出售商品，获得更大的利润空间。所以作为消费者的我们就要注意了，不要落入“完美的陷阱”。

商家不仅会利用我们“完美”的观念，还会利用我们认为次品必廉价的心理。有一次，大刘陪朋友一起去买家具，看到一套家具很漂亮，遗憾的是柜子上有一块漆破了。家具行老板说：“这个柜子你们要的话，按半价。”朋友很是心动，问大刘有没有意见，大刘说我们先到别处看看，要是没喜欢的，再回来买下它。结果他们在别的店了解到，原来那个柜子的原价只有老板所标的一半，也就是老板把这个柜子的价格升了一倍，然后以半价出卖。

许多喜欢淘二手物品和有破损但又不影响其价值的人就要注意了，有的商家会把这类物品先提价，然后再以折扣很低为诱饵把东西卖给你。所以，我们在“淘宝”时要尽量了解物品的原价。

我们不能就这么活着，我们要改变自己。确实是这样，如果今天只是对昨天的重复，那么生活还有什么意思呢？许多人会这么说，但这似乎很难做到，问题的关键是我们必须变换思维，用不同的方式去考虑问题。

在无法改变生存的外在环境时，我们可以适时改变一下思路，转换自己的思维。只要我们的选择是理智的，就有可能开辟出一条崭新的成功之路。世界上的事物都不是一成不变的，我们不要使自己的思维方式僵化，僵化的思维会对人的生存和发展造成阻碍，是你成功路上的绊脚石。

第十二章
营销中的博弈

第一节　降价并非唯一选择

商场之间进行价格战近些年来已经成为一种趋势，这种促销方式屡试不爽。常人一般认为价格越低，就越受消费者的欢迎，商品的销量便会越大。其实这是一种误区，产品的价格、销量与利润之间的博弈关系远非我们想的那样简单。

20世纪70年代，索尼电器完成了在日本市场的占有之后大举进攻海外市场，但是不理想，尤其是在电器消费大国美国市场内，其经营业绩更是可以用“惨淡”二字来形容。为了找出其中的原因，索尼海外销售部部长卯木肇亲自到美国去考察市场。到美国之后卯木肇来到了有索尼电器出售的商场中，当时就惊呆了。在日本广受欢迎的索尼电器，在美国的市场中像被抛弃的孩子，被堆放在角落里，上面盖满了灰土。卯木肇下定决心一定要找出其中的原因，让索尼电器在美国就像在日本一样大放光彩。

经过研究卯木肇发现了其中的原因所在。在此之前，索尼电器在美国制定的营销策略一直是大力降价，薄利多销。索尼花费了巨额的广告费在美国电视上做广告，宣传索尼电器的降价活动。没想到弄巧成拙，这些广告大大降低了索尼在美国人心中的地位，让人们觉得索尼电器价位低肯定因为质量不好。因此导致了索尼电器在商场中无人问津。看来这个降价策略完全是失败的。价格不过是消费者购买电器的标准之一，质量相对更重要一些，图便宜买劣质家电的人也有，但是相当少。因此卯木肇当时最需要做的便是改变索尼的形象，但是这些年给消费者形成的坏印象怎么可能一下子就改变呢？对此他愁闷不已。

一次偶然的机会，他看到一个牧童带领着一群牛走在乡间小路上。他心想，为什么一个小牧童就能指挥一群牛呢？原来这个小牧童骑着的正是一头带头的牛，其他牛都会跟着这头牛走。卯木肇茅塞顿开，想出了自己挽救索尼在美国市场的招数，那就是找一头“带头牛”。

卯木肇找到了芝加哥市最大的电器零售商马歇尔公司，想让索尼电器进入马歇尔公司的家电卖场，让马歇尔公司充当“带头牛”的角色，以此打开美国市场。没想到的是马歇尔公司的经理不想见他，几次都借故躲着他。等到他第三次拜访的时候，马歇尔公司的经理终于见了他，并开门见山地拒绝了他的请求，原因是索尼电器的品牌形象太差，总是在降价出售，给人心理上的感觉像要倒闭了。卯木肇虚心听取了经理的意见，并表示回去一定着手改变公司形象。

说到做到，卯木肇立刻要求公司撤销在电视上的降价广告，取消降价策略，同时在媒体上投放新的广告，重新塑造自己的形象。做完这一切之后，卯木肇又找到了马歇尔公司的经理，要求将索尼电器在马歇尔公司的家电卖场中销售。但是这一次经理又拒绝了他，原因是索尼电器在美国的售后服务做得不好，如果电器坏了将无法维修。卯木肇依然没有说什么，只是表示自己回去后会着手改进。卯木肇立刻增加了索尼电器在美国的售后服务点，并且配备了经过专业培训的售后服务人员。等卯木肇第三次来到马歇尔公司的时候，这位经理又提出了一些问题。卯木肇发现对方已经开始妥协，于是用自己的口才和诚意说服了对方。对方允许他将两台索尼彩电摆在商场中，如果一周内卖不掉的话，公司将不会考虑出售索尼电器的任何产品。

这个机会的争取实在是不容易，卯木肇下定决心一定要抓住。他专门雇了两名推销员来推销这两台彩电。最终，两台彩电在一周之内全部卖了出去，开了一个好头。由此，索尼电器打开了马歇尔公司的大门，马歇尔公司成为索尼电器的“带头牛”。有了这样一个强有力的“领路人”，其他家电卖家纷纷向索尼敞开了大门，开始出售他们的产品。

结果在短短几年之内，索尼电器的彩电销量占到了芝加哥市的30%。以后这种模式又迅速在美国其他城市复制。

这个故事的关键在于告诉人们，解决企业营销方面的难题要先诊断，然后对症下药。降价策略并不是每次都会管用，有时使用不当甚至会弄巧成拙，不但解决不了问题，还会被人说成便宜无好货。

古时候有位商人非常有经济头脑，他发现驿站旁边的一条街上有几家饭馆生意特别好，于是他也在这里开了一家。但是饭馆开业之后，他发现了其中隐藏的问题。原来这些饭馆表面上生意红火，其实去吃饭的顾客都是回头客，如果饭菜价格同其他饭馆相同的话，自己根本没有任何优势。若是自己降价的话，势必引起一场价格战，这样几家饭馆都赚不着钱，还得罪了同行，得不偿失。那该怎么办呢？他研究了一下市场，发现其中吃饭的人多为做苦力的。这些人饭吃得多，菜吃得少。于是他对症下药，将店里菜的分量减少了一点，而米饭的分量却增加了不少。原先盛饭用的小碗一律换成了大碗，其实饭和菜的总成本并没有增加。

这样，这家店的顾客逐渐增多，几个月下来每天来这里固定吃饭的人有几十个。但是这个商人并不满意，他又想出了一招。他发现这些来吃饭的人由于工作原因吃饭时间不稳定，有的人上午就已经歇工了，但是必须饿着肚子等到中午才吃饭；有些人中午工作不能停下，但是等到下午下班的时候要么就得等到晚上一起吃，要么就让别人中午帮他们买好，但是到了下午饭菜一般都凉了。于是这位商人推出了全天服务，将一天开饭时间由三次增加到六次，除了原先的早中晚各一次，在上午、下午和晚上再增加一次。这种经营模式立刻受到了顾客的欢迎，原先别家的老主顾也被吸引了过来。就这样，这家店的生意日益红火，没过几年就将隔壁几家饭馆全部兼并了过来。

由此可见，降价并不是营销策略中唯一的选择，还有可能是最坏的选择。作为消费者我们是接受甚至欢迎“价格战”的，因为消费者是受益者，相当于“鹬蚌相争，渔翁得利”中的那个渔翁。但是，从长期来看这并不一定是一件好事。现实生活中，恶性的价格大战让一部分企业倒闭，让一些品牌消失。或许我们购买一台降价冰箱的同时，正在加速这家冰箱厂的倒闭脚步，而这里面的工人说不定就有你我的亲戚或者朋友。由此来看，降价并不是一个好的营销策略。而在产品质量和开发上面多下工夫，努力打造高新产品才是企业生存的根本。

第二节 时刻监视你的对手

《孙子·谋攻篇》中说:“知彼知己,百战不殆;不知彼,而知己,一胜一负;不知彼,不知己,每战必殆。”意思是战争中了解自己,了解敌人,则一定会取得胜利;只了解自己的情况,不了解敌人的情况,胜负各有一半的希望;若是既不了解敌人的情况,也不了解自己的情况,结局注定失败。这其中的道理不仅适用于战争,商战中也同样适用。

知彼知己,不但要“知彼”,还要“知己”。只有正确了解了自己的情况,才能做出最符合自己的策略。

鬣狗非常清楚自己的自身条件,它们知道自己没有狮子一样强壮的体魄,没有豹子风一样的速度,没有鳄鱼那样的锋利牙齿,没有狐狸那样的耐心。所以它们选择了最适合自己的生存之道,那就是群攻和捡拾别的动物吃剩的动物腐肉。它们选择好目标之后,会进行分工。比如它们打算进攻一匹斑马,就会有的去咬住斑马的脖子,有的咬住斑马的肚子,还有的咬住斑马的后背,无论斑马怎么连蹦带跳,它们死也不松口,直至斑马倒下。如果没有机会进攻对方,它们便会利用敏感的嗅觉去寻找狮子和豹子吃剩的动物残肢。总之,它们非常了解自己的能力,并依次做出生存的选择。虽然这种生活看上去有点狼狈,但对于它们来说是最好的选择。

做到了解对手和了解自己之后,我们还要了解市场。当年海湾战争爆发之前，一家家电企业从中嗅到了商机。中东地区是全球石油的主要产区，这里如果发生战争，则石油价格肯定会大幅攀升，而生产家电需要的聚苯乙烯来自石油，石油价格增长聚苯乙烯的价格必定增长。于是，这家企业大量购进聚苯乙烯。不久之后，海湾战争爆发，国际油价大幅攀升，石油的各种副产品，包括聚苯乙烯也大幅涨价。这时很多家电企业才反应过来，大肆购进聚苯乙烯，但是这时的价格已经非常高了。战前购进聚苯乙烯的这家企业，光是凭借原材料涨价这一点，就赚了几百万元。对市场的了解以及信息的价值和重要性可见一斑。

一位农夫用自己多年的积蓄买下了一片土地，并打算在上面种上果树。可是他发现这片土地除了野草什么都不长，更不用说果树了。更令人生气的是，这片土地上非但不长植物，野草丛中还有大量的蛇洞，到处可见蛇的踪影。农夫的妻子非常伤心，打算将这片地低价卖掉，另谋生路。而这位农夫则整日喜笑颜开，仿佛中了大奖一样。原来农夫知道养蛇是一项非常有前景的产业，但是投资大，养殖难。这下可好了，自己失去了果园，但是得到了一个天然的养蛇基地，甚至不用自己去管理。

就这样，农夫将蛇皮卖给了制作乐器和皮鞋的厂家，将蛇肉卖给饭店。经过当地媒体的宣传之后，很多人专门跑到他这里来参观，他又趁机在这里开了一家饭店。没过几年便过上了富裕的生活。

假设农夫不知道市场上有蛇的需求，只把它看作一种可怕的动物，结局可能就会是将这块地贱卖掉。而了解了市场信息之后，这块地一下子由荒地变成了聚宝盆。这是一个抓住市场信息，变劣势为优势的典型案例。

在经济高速发展，竞争日益激烈的今天，企业之间的较量扩展到了各个方面。除了资金、产品质量、人才之外，商业情报的竞争也显得非常重要。当今各行业中的佼佼者的情报工作都做得非常好，这已经成为一个企业发展的基本能力。如何去收集对自己有用的情报，并且加以分析，从中提炼出对自己有用的信息，已经成为摆在很多企业面前的一份很重要的课题。能否解决好这个问题，关系着企业日后的发展，甚至存亡。

信息最重要的是要真实，因此收集对方和市场的信息时要做到客观，不能凭自己的主观思想去猜测和判断。正确的信息带来正确的决策，找到敌人的弱点或者自己的优势，这样对市场的形势就能做到了然于胸了。

第三节 尊重你的上帝

顾客是所有生产和销售环节的最后一环，也是最重要的一环，是商品和服务转化为价值的所在。所以我们经常会听商家说“顾客是上帝”。满足顾客的需要，让顾客得到实惠，这不仅是对顾客的尊重，也会为自己带来更多的收益。经营者要有长远的眼光，将顾客的利益同自己的利益紧密联系在一起，这样就会时刻提醒自己，为顾客提供更好的服务。而顾客体会到了你的付出，便会回报于你。这是一个相互获利的过程，也是一个相互尊重的过程。

我们在前面提到过这样一个故事：一个人打算将路边的灌木丛砍掉，结果这些灌木丛中住着的几群蜜蜂，便纷纷来阻拦。第一群蜜蜂哀求说不要砍掉灌木，那样的话它们就无家可归了，看在它们为农场里的蔬菜传播花粉的份上，饶了它们吧。这个人心想，没有你们照样有别的蜜蜂传播花粉，所以还是将这群蜜蜂所在的灌木砍掉了。等砍第二丛灌木的时候，里面的蜜蜂对农夫说若是敢来砍它们的灌木，它们就会实施报复。这个人不以为然，照样去砍这丛灌木，结果便是蜜蜂出来蜇人，这个人被蜇疼了之后恼羞成怒，放火烧了这丛灌木。当这个人来砍第三丛灌木的时候，里面的蜜蜂对农夫说：“你肯定不会砍这丛灌木，也不会烧这丛灌木，这种傻事你肯定不会做。”这个人感到纳闷和好奇，便问为什么。蜜蜂说：“我们这里有这么多的蜂蜜，我们自己喝都喝不完。你可以拿去喝，也可以拿去卖，给你带来的好处远远大于几捆柴火。”听完蜜蜂的话，这个人放弃了砍掉灌木丛的计划。

这个故事体现了交往中可采用的 3 种策略：示弱求饶、积极抵抗、合作共赢。毫无疑问，第三种选择是最好的，这种关系同样适用于营销者和消费者之间。恳请顾客可怜你来买你的东西，强制顾客接受你的服务都是不可行的，只有与顾客合作，才能实现共赢。你为顾客提供质优价廉的商品和服务，顾客便会经常照顾你，归根结底是相互尊重。

如何提供让顾客满意的服务，这是每一个公司都在思考和实践的一个问题。总结成功公司的经验，为顾客提供的服务应该具备一个特点，那就是全面性。最新的产品在没有上市之前便要进行售前服务，让顾客免费试用，这既能做到很好地宣传，又能激发顾客的购物欲望。当产品上市之后，可以帮助客户对商品进行参考，提供免费包装、送货上门等服务。最后，售后服务也非常重要，尤其是家电以及高档商品，让顾客感到选择你的产品是一件非常有保障的事情。为自己建立起一种责任感，为客户建立起一种信任感。

提供完善的优质服务，尊重客户，这便是戴尔公司成功的秘诀。戴尔公司的创办人是迈克尔·戴尔，他从小便极具商业头脑。在念大学的时候，戴尔对电脑产生了兴趣，靠改装和升级电脑为自己挣够了学费。

1984 年，还在上大学的戴尔便注册了一家公司，自己做老板，专营装配电脑。两年之后，戴尔公司发展成了一家拥有 400 名员工和 7000 万美元收入的大型公司。发展至今，戴尔公司已经成为世界上著名的电脑公司之一，产品畅销全球各地。在总结戴尔成功的原因时，很多人认为最主要的是戴尔的直销模式，这不过是外在的原因，真正的原因是戴尔“一切为客户”的经营理念。

之所以选择直销的营销方式，戴尔公司的出发点也是为了更好地为客户服务。直销就意味着针对每一个客户提供服务，这样的服务更体贴和周到，同时做到了零库存。零库存能为企业带来更大的利润空间，戴尔公司则把这些空间转化为更好的服务和给客户的让利空间。戴尔公司花费在顾客身上的时间远远大于花费在研究对手身上的时间。

要想让客户感受到尊重，最有效的方式便是提供有针对性的服务。到浪漫的西餐厅去吃一顿烛光晚餐与去食堂吃一次大锅菜，享受到的尊重是不一样的，前者有专人服务，后者则没有。在售后服务方面，戴尔立志做到让客户最满意。针对大型用户，戴尔公司甚至派出专门的技术人员长期驻扎，提供最及时的服务，在第一时间解决问题。在一对一的服务过程中，客户和公司充分交流，既将公司的信息准确传达给了客户，又收集了用户和市场上的信息，做到了真正的双赢。

在竞争激烈的电脑行业，戴尔的生存法则不算是秘密，但是很少有企业能做到。国内知名家电生产厂家的营销培训课上，主讲人员至少会拿出一半时间来讲对手的缺点。如果寄希望于顾客对别人都失望之后来选择你，那你肯定是被动的。就像赛跑中一样，你若想胜出，要么是自己跑得很快，要么是想办法让别人跑得很慢，前者当然是更好的方法。

人在很多方面是非常感性的，尤其是在消费方面。我们身边经常会发生这种事情，那就是一个人原本没打算买东西，只是想去商场随便逛一下，结果等出来的时候，手里大包小包的东西都拿不过来了，这种人以女性为主。对消费者来讲这是一种不理性的购物方式，但是对于商家来说其中包含着很多商机，那就是顾客在消费的时候是很感性的，完全可以用优质的服务和高明的营销手段争取到这个客户。

生活中很多人消费是到了商场之后做临时选择，可能想好了要买某一样东西，但是没有想好要买哪个品牌。这个时候，哪一家能提供更好的服务，便能争取到更多客户。服务与商品的质量同样重要，甚至比商品的质量还要重要。品牌不同的同一种商品如果价位相同，质量也不会差得太远。再一个就是质量是在使用过程中才会发现的问题，最重要的是先让消费者选择你的产品，否则质量再好也无人知晓。

最后总结，要想增加赢利和让企业有一个更好的发展就一定要尊重客户。而尊重客户最重要的体现便是提供优质的产品和服务。服务要全面和周到，要有诚意，这样便会将更多的消费者发展成为自己的客户，从而实现共赢。

第四节 为什么要做广告

以前人们经常能够听到货郎挑着装满各种物品的担子，在街头巷尾大声吆喝。这种方式非常简单，只要张嘴就可以，而且因为这种吆喝声很有特色，所以就能够吸引很多人来买他的东西。其实，货郎的吆喝就是一种广告，而且这种广告方式已经具有几千年的历史了。但是随着科技的不断发展，以及人们对各种物品的需求不断扩大，这种传统的广告方式已经退出了历史的舞台。

如今，更新颖、更具有科技含量、更能被消费者接受的广告出现在各种媒体上。无论是电视、报纸还是网络，到处都能看到广告。根据资料显示，一个美国人从睁开眼睛起床到闭眼睡觉，每天要接触到的广告达到1500条以上。这是一个非常令人惊讶的数字。这意味着很多人们不愿意或者没兴趣了解的广告强行进入他们的耳朵，给他们的生活带来烦恼。同样，中国人每天也要面临着很多广告，尤其是电视剧演到高潮的时候，突然插进来一则广告非常让人气愤；打开电脑想要浏览新闻的时候，页面突然弹出一个广告窗口也让人很反感。

其实，企业在营销过程中为产品做广告就是想通过各种传播媒介告知消费者，让广大消费者去购买产品。很多企业误以为，多打广告就能让消费者更了解自己的产品。但实际情况并不是这样，很多研究表明，只有那些出色的、有创意的广告才能够与消费者的兴趣、审美观念等方面相契合，从而在众多的广告中脱颖而出，被消费者所接受和喜爱。美国费城百货创始人约翰·华纳梅克曾经这样说道：“我知道我的广告费有一半是浪费掉的。”为什么会出现这种情况？这是因为企业在打广告时并没有做充分的市场调研，而且广告策划不够严谨。成功的广告策划一般包括两个关键因素，一是别出心裁的创意，二是新颖别致的发布。不论广告的内容是什么，如果能够做到这两点，就必定能够成功。

比如广为人知的“恒源祥，羊、羊、羊”广告，就因为巧妙地把“恒源祥”这个企业品牌与企业的核心产品羊绒联系在一起，既向消费者表达了恒源祥集团为消费者提供最好的羊绒制品的专业化形象，同时还向消费者宣告企业打造民族品牌的理想和决心。这则广告的成功之处还在于，它能够一直坚持下来，在消费者的心目中形成了一种理念，让消费者对这个品牌充满了信心和期待。

同样，美国的一个汽车广告也因为做到了上述几点而大获成功。这则广告分为 3 个镜头，第一个镜头是，在一个安静的图书馆里，走廊两边坐满了读书的人，一辆小汽车从走廊中缓缓驶过，读书的人完全没有察觉，依然在安静地读书。这个镜头向消费者传达出汽车噪声非常低的特点。第二个镜头是一位理发师在一辆疾驰的汽车车厢里为别人理发，旁边还有一位工艺师在专心地制作钻石首饰，这个镜头向消费者传达了汽车驾驶平稳的特点。第三个镜头是一辆小汽车在前行的火车轨道上奔跑，后来汽车加速向火车头部开去，掉到地上后依旧快速地行驶。这个镜头向消费者传达了汽车行驶速度快的特点。这则广告向消费者传达的汽车的 3 个特点正是消费者最为关心的，所以受到了消费者的好评，这款小汽车也因此而热销。

一则出色的广告一定是与产品相得益彰的，如果不能根据产品自身的特点来做广告，那么广告不但无法让消费者接受，反而会适得其反，受到消费者的广泛批评。

恒源祥根据市场调查发现，很多年轻的消费者认为“恒源祥”是一个专为中年成熟男人打造的品牌，根本不适合年轻的消费群体，这就致使“恒源祥”无法受到年轻的消费者的接受和认可。品牌老龄化已经成为恒源祥的突出问题，如果不能够解决这个问题，那么它的市场占有率将会受到严重影响。恒源祥为了在年轻的消费群体中实现突破，想了很多的办法，最后在 2005 年 12 月，借成为北京 2008 年奥运会赞助商之机，把用了十几年的广告语“恒源祥，羊、羊、羊”换成了“恒源祥，牛、牛、牛”。

虽然恒源祥的目的是出于市场考虑，想扩大消费群体，使自己的产品能够为更多的消费者所接受，但是犯下了严重的错误。本来“恒源祥，羊、羊、羊”的广告语与企业的产品密切相关，而且显示了恒源祥打造民族品牌的决心，况且，这个品牌形象经过十多年的推广，已经深入消费者的心里，成为受到广大消费者尊重的品牌。但是，“恒源祥，牛、牛、牛”这句广告语虽然出于攻克 20 岁到 40 岁之间的年轻一族的目的，但是这句广告语并不能体现出年轻人追求的时尚、流行等观念。还有，它会让消费者误以为恒源祥改做牛绒了，消费者在看到这则广告语的时候，会产生一种心理误差。而且，恒源祥经营多年的品牌形象也在消费者的心里轰然倒塌。

其实，广告的体现方式是多种多样的，很多企业只注重在各种传播媒介上大打广告攻势，但是大多数企业忽略了一个非常重要的方面：产品包装。很多时候，产品的包装可以与消费者做面对面的直接沟通，成功的包装设计可以让商品轻易地达到自我销售的目的，从而为企业带来更多的利益。

在20世纪80年代后期的美国啤酒市场上，啤酒企业之间的竞争非常激烈，安豪斯·希公司和米勒公司等巨头企业因为生产经营等方面的优势，占据了绝大部分的市场份额，很多小啤酒企业在竞争中败下阵来，最后只得退出市场。在这个时候，出产于宾夕法尼亚州的罗林洛克啤酒却主动出击，后来凭借在产品包装上下功夫而赢得了市场。在罗林洛克啤酒的包装箱上，印着“放在山泉里的绿瓶子”。而这种啤酒的瓶子正是绿色的，所以就能够给消费者一种独特、有趣的感觉。这种广告让更多的消费者对这种啤酒产生了兴趣，所以罗林洛克啤酒虽然无论从规模、水源等方面都无法与安豪斯·希公司和米勒公司等大型啤酒企业相比，但是却凭借产品包装方面的广告在激烈的美国啤酒市场中占据一席之地，为小啤酒企业争了一口气。

在市场竞争日益激烈的条件下，广告已经成为企业营销的一种重要的手段，如果企业做出既有创意又能够让消费者乐于接受的广告，那么就能够成功地树立企业的品牌，从而吸引更多的消费者购买自己的产品。

第十三章
概率、风险与边缘策略

第一节　概率不等于成功率

每个人都想做出一番事业，没有人想失败，都想着成功。但是，世上碌碌无为者仍占大多数。为什么总是平庸者多，成功者少呢？

第一代互联网刚刚兴起的时候，只要有个商业策划书就可以找到投资人。因此，互联网精英纷纷涌现。但是，一段时间以后，无数经营者铩羽而归，多少投资商血本无回，而真正坚持并成功的只有那么几家。经过太过激烈的市场竞争，那几家为什么会成功？是偶然还是必然？

公司的成功与人生的成功有相似之处。爱迪生发明灯泡，经历了无数次的失败，才最终成功。美国伟大的总统亚伯拉罕·林肯也是经历了很多的失败和挫折，才走向成功的，我们来看一下他的生活经历。

8 岁被赶出居住的地方，必须独立谋生，幼年必须养活自己；21 岁第一次经商失败；22 岁竞选州议员失败；27 岁精神崩溃，卧床 6 个月差点死去；35 岁参加国会大选失败；36 岁竞选联邦众议员失败；40 岁再次竞选众议员失败；41 岁竞选州土地局长失败；46 岁竞选国会参议员失败。

这就是 46 岁以前的亚伯拉罕·林肯的生活经历。林肯生下来就一贫如洗，而且一生中不断面对挫折和打击，8 次竞选均落选，两次经商均告失败，中间还曾精神崩溃过。但一次次的失败并没有把他打倒，就算在成功的概率极小的情况下，他也不放弃，勇敢地接受命运的挑战。在他 52 岁时，被选为美国第十六任总统，随后更是做出了永载美国史册的功绩。

没有谁可以一步登天，没有谁的成功是一蹴而就的，都是在经历了一连串的失败之后，才获得最终的成功。他们一直坚持，认为自己一定会成功，即使成功的概率很小也不放弃。以概率来计算，林肯和爱迪生成功的概率极小，但他们成功了。所以，环境、运气等因素并不是决定一个人成功与否的真正原因，真正起决定作用的是一个人的心志。只要你坚持下去，一定会成功！泰戈尔说："那些迟疑不决、懒惰、相信命运的懦夫永远得不到幸运女神的青睐。"

在苹果电脑公司任职时，李开复博士被美国当时最红的早间电视节目"早安美国"邀请，与公司 CEO 史考利一起在节目中演示苹果公司新发明的语音识别系统。

李开复那时负责开发的语音识别系统刚刚搭建，碰到故障的可能性很大。因此，史考利上节目前问李开复："你对演示成功的把握有多大？"

李开复回答说：“90%吧。”

史考利问：“有没有什么办法可以提高这个概率？”

李开复马上回答说：“有！”

史考利问：“成功率可以提高到多少？”

李开复：“99%。”

第二天的节目很成功，公司的股票也因此涨了2美元。

节目结束后，史考利称赞李开复：“你昨天一定改程序改到很晚吧？辛苦你了。”

哪知道这时李开复却说：“你高估了我的编程和测试效率，其实今天的系统和昨天的没有任何差别。”

史考利惊讶地说：“你该不是冒着这么大的风险上节目吧？你不是答应我，说成功率可以提高到99%吗？”

李开复说：“是的，我说过成功率保证在99%以上的话，这是因为我带了两台电脑，并将它们联机了。如果一台出了状况，我们马上用另一台演示。我们由概率可以这样推断：本来成功的概率是90%，也就是说一台电脑失败的可能性是10%，那么两台机器都失败的概率就是10% ×10%，也就是1%，那么很显然，成功的概率就是99%！”

我们在平时的生活中，要做多种准备，尽量降低失败的风险。多给自己一些机会，多尝试一些不同的方法，增大自己成功的概率。

第二节 用概率选择伴侣

黄金周就要到了，你打算去某风景区游玩。每天开往风景区的只有 3 种类型的车，票价相同，但舒适程度不同，3 种类型的车舒适程度分别为舒适、一般、不舒适。每隔 5 分钟发一次车，但是我们在外面候车是无法判定它是属于哪一类，而且发车不一定按照次序，即按照舒适程度来发车。而对于你来说，因为时间充足，多等 5 分钟或 10 分钟时间是无所谓的，重要的是能不能做得上舒适的车。

那么要搭上最舒服的那辆车，你应该采取什么样的候车策略才能使可能性最大呢？

这是一个当人在不确定环境下的决策问题，不确定性是因为你对不同舒适程度的 3 辆车开过来的顺序并不清楚。但是，我们可以先把行车顺序列举出来，无非有这样 6 种情况：上中下、上下中、中上下、中下上、下中上、下上中。

我们一般情况下都是随便选择，也就是刚好哪辆车来就坐哪一辆，那么这时候坐上最舒适的车的概率就是三分之一。

但是，你的目的是希望尽可能搭乘最舒适的车。因此，我们再来看看这种策略：当车来的时候，第一辆车不上；等第二辆，当第二辆比第一辆好时就上第二辆；如果第二辆比第一辆差，那就上第三辆。这样的策略与随便选择相比有什么区别呢？我们看看下表中的统计就知道：

	上中下	上下中	中上下	中下上	下中上	下上中
随机策略	是	是	否	否	否	否
你的策略	否	否	是	是	否	是

由表中的统计可以清楚地知道：这个策略与采用“随便”的策略相比，选择成功的概率提高了，由三分之一提高到二分之一。

所以，当你有多个候选对象的时候，要比较一番再作决定，没有必要仓促做决定，因为比较可以提高获得最佳对象的概率。这种方法不仅仅可以用来选搭什么车，还可以用来购物、筛选商业计划方案，甚至可以用来选择你的对象。

那么概率是如何在择偶问题中发挥作用的呢？下面就让我们来看一下。

能够有一个自己最喜欢的人作为自己的伴侣是每个人的希望，但是，事情往往并非如此，大多数人的伴侣并不是自己最中意的那一个。那么，究竟应采取什么样的策略，才能使自己以最大可能选到最适合的异性呢？

假设你是一个男孩，在你 20 -- 30 岁的时候，一共有 20 位适合你的女孩与你相识。假设这些女孩都愿意成为你的伴侣，但很显然，最终你只能选择一位。这 20 位女孩，你可以按照“质量”的高低进行排序，对你来说，排在首位的就是最好的，而排在第二十位的就是最差的。

但是，这 20 位女孩不是同时出现在你的生命里，而是无序地和你相识。每出现一个，你都要做出决定：是拒绝还是留下。如果拒绝，你还可以继续选择后面的女孩，但是，对前面已经拒绝的女孩，你将没有机会再选一次；如果留下，她就会成为你的伴侣，但你将无法再选后面的女孩，就算后面的女孩个个都比你选的强，你也无法更改结果。

虽然我们在事后可以确定20位女孩的排名，但在观察完20位女孩之前，你只知道已经观察过的女孩中谁比谁更好，而并不知道全部女孩的排名。而且，女孩出现的时间段是完全随机的，也就是说，女孩出现时间的先后与女孩的“质量”完全没有关系。你该做出怎么样的决策，才能使她属于最好女孩的概率最大呢?

你可以跟着感觉走，随便选一位女孩作为你的终身伴侣。这样做你有5%的可能获得最好的女孩，概率比较小。

把20位女孩分成前后两部分，前面出现的10位不管“质量”如何，一概不接受。但是，你要对这10位女孩的“质量”做到心中有数。接下来，在后来出现的10位女孩中，假如碰到比以前都喜欢的女孩就立刻接受。

我们可以算一下，如果采用这样的策略，最好的女孩成为你的终身伴侣的概率是（10/20）×（10/19），结果就是26.3%，这个概率远远高于5%。

在一般情况下，人们的决策习惯是等一等，看看下一个是不是更好。前几名往往被人下意识地放弃了，然后再以放弃的那几个人为标准，去考量后面的人。

这里的概率算法是这样的：确保得到最好的女孩，必然要求最好的女孩在后 10 名女孩中出现，否则你怎么也得不到最好的；但是，最好的女孩在后面 10 个中出现的概率是 10/20；除此之外，还要求第二好的女孩出现在前 10 名，这个概率为 10/19，之所以是 10/19，是因为除了最好的还剩下 19 个。这样的话，第二好的女孩出现在前 10 名的概率就是 10/19。

这只是第二好的女孩刚好出现在前 10 位的情况。第二好的女孩也可能没有出现在先前的 10 位中，但是，只要在最好的女孩出现之前的所有女孩中，“质量”最高的出现在前 10 位就能确保该策略得到最好的女孩。也就是说，该策略获得最好女孩的概率实际上是 35.94%，远远超过 26.3%。

假如一个人在 20 — 30 岁选择结婚对象，那么你应当在 24 岁开始认真考虑终身大事。假如有 20 位“候选”女孩，你应该从第 11 位女孩开始考虑。

但是，以上只是可以提高“相亲”时选到好女孩的概率大一些，并不能保证你一定获得“最好的女孩”。也许第一位就是好女孩，那就很“悲剧”了。

所以，生活中“第一个出场的人”一般很“悲剧”。比如一些选秀节目，第一个出场的很难获得第一；在求职时，第一个面试的失败概率大于后面的。因为，那些主考官只是把第一个出场的当作一个“标准”来衡量后面的人。

由此可见，概率是有规律可循的，而并不是瞎猜。

第三节　什么时候该撒谎

有一个人因犯罪被判了死刑。行刑的前一天，他被带到了知府大人面前。知府大人看了看他的犯罪记录，觉得应该判死刑，就在处决名单上画了个勾。

这个人急忙对知府说："大人，我有特殊的本领，还请大人饶小人一命。"

知府便问："说来听听，你有什么特殊的本领？"

这个人说："听说知府大人有一匹马，小人不才，曾得异人指点，能让马学会飞。"

知府大人很是惊讶，看着他说："你真有如此本领？"

他接着说："只要大人给我一年时间，我对它进行稍加训练，一定能让马学会飞。"

知府虽有些狐疑，但一想到自己的马将来可以飞起来，那到时候骑在上面将是什么感觉啊！于是同意了，还从死囚中给他选了一个人做助手。

就这样，他和死囚两人牵马离开了牢房。

他的助手很奇怪，就在路上问他："你真的能让马飞起来？"

这个人笑了笑说："马当然不能飞起来，是我在撒谎。不撒谎死路一条，撒谎还可以活一年时间。这一年谁知道会出现什么变化呢？谁又知道会发生什么事情呢？知府大人有可能已经卸任了，甚至死去都有可能，而我们也可能会生病而死，马也可能会死掉。只要发生上面一种情况，我们就可以永远自由了，为什么不赌一下呢？而且马真的会飞也说不定啊！”

生活中，欺骗现象无所不在。向大家介绍欺骗策略，并不是想让大家去骗人，而是希望大家不要被骗，或者在一些特定的情况下，采取欺骗的策略。

东汉末年时，吴主孙权为夺取荆州，杀掉了关羽。但他又怕刘备为报仇攻打自己，于是派人把关羽的首级送到了许昌，想嫁祸于曹操。但是，这一计谋被曹操的谋臣识破。于是曹操迅速命工匠刻了一具沉香木的躯体，使其与关羽的首级连在一起。并追授关羽为荆王，以王侯之礼厚葬关羽。曹操还派专门的官员长期守护关羽之墓，还亲自在灵前拜祭。曹操的行动粉碎了孙权的阴谋。刘备得知消息后，最终还是发兵攻打孙权。

聪明的人在被骗时，或当危机来临时，往往将计就计。先让骗人者相信自己已经被骗，再采取措施反过来对付骗人者。

问题的关键是，识破敌人的计谋和他们所想达到的目的滞后，为了赢对方，要增加自己的行动步骤，甚至会付出一定的代价，以使敌人相信自己，还要具有放长线钓大鱼的耐心与气度。在前期也许会有损失，但在最后阶段会使对手吃尽苦头。

整部《三国演义》中，战争场面占70%以上，而凡涉及战争必用计，有计则有欺骗。“兵者，诡道也！”在欺骗的策略中，有一种故意示弱的方法。

张飞在前几十回中经常喝酒误事，而且他脾气暴躁，动辄就鞭挞部下。他的这个弱点常常会给对手留下可乘之机，在第二回，

他喝酒之后打了督邮，以致刘备才刚刚做了县令又被迫辞职。在第十四回，张飞酒后痛打曹豹。曹豹回家后连夜差人给吕布送信，让吕布率兵偷袭徐州，自己可为内应。吕布怎会放过如此良机，立刻领军偷袭徐州。张飞酒还未醒，只得逃出，就这样把徐州丢掉了。

但是，在战争中，即使像张飞这样的莽汉也能变得狡诈起来，用自己的弱点来麻痹对手。

在第七十回张飞智取瓦口隘的时候，我们看到了一个不一样的张飞。

却说张郃部兵三万，分为三寨，各傍山险：一名宕渠寨，一名蒙头寨，一名荡石寨。当日张郃于三寨中，各分军一半去取巴西，留一半守寨。早有探马报到巴西，说张郃引兵来了。

张飞急唤雷铜商议。铜曰："阆中地恶山险，可以埋伏。将军引兵出战，我出奇兵相助，郃可擒矣。"张飞拨精兵五千与雷铜去讫。飞自引兵一万，离阆中三十里，与张郃兵相遇。两军摆开，张飞出马，单搦张郃。郃挺枪纵马而出。战到二十余合，郃后军忽然喊起：原来望见山背后有蜀兵旗幡，故此扰乱。张郃不敢恋战，拨马回走。张飞从后掩杀。前面雷铜又引兵杀出。两下夹攻，郃兵大败。张飞、雷铜连夜追袭，直赶到宕渠山。张郃仍旧分兵守住三寨，多置擂木炮石，坚守不战。张飞离宕渠十里下寨，次日引兵搦战。郃在山上大吹大擂饮酒，并不下山。张飞令军士大骂，郃只不出。飞只得还营。次日，雷铜又去山下搦战，郃又不出。

雷铜驱军士上山，山上擂木炮石打将下来。雷铜急退。荡石、蒙头两寨兵出，杀败雷铜。次日，张飞又去搦战，张郃又不出。飞使军人百般秽骂，郃在山上亦骂。张飞寻思，无计可施。

相拒五十余日，飞就在山前扎住大寨，每日饮酒；饮至大醉，坐于山前辱骂。

玄德差人犒军，见张飞终日饮酒，使者回报玄德。玄德大惊，忙来问孔明。孔明笑曰："原来如此！军前恐无好酒；成都佳酿极多，可将五十瓮作三车装，送到军前与张将军饮。"玄德曰："吾弟自来饮酒失事，军师何故反送酒与他？"孔明笑曰："主公与翼德做了许多年兄弟，还不知其为人耶？翼德自来刚强，然前于收川之时，义释严颜，此非勇夫所为也。今与张郃相拒五十余日，酒醉之后，便坐山前辱骂，旁若无人：此非贪杯，乃败张郃之计耳。"玄德曰："虽然如此，未可托大。可使魏延助之。"孔明令魏延解酒赴军前，车上各插黄旗，大书"军前公用美酒"。魏延领命，解酒到寨中，见张飞，传说主公赐酒。飞拜受讫，分付魏延、雷铜各引一支人马，为左右翼；只看军中红旗起，便各进兵；教将酒摆列帐下，令军士大开旗鼓而饮。有细作报上山来，张郃自来山顶观望，见张飞坐于帐下饮酒，令二小卒于面前相扑为戏。郃曰："张飞欺我太甚！"传令今夜下山劫飞寨，令蒙头、荡石二寨，皆出为左右援。当夜张郃乘着月色微明，引军从山侧而下，径到寨前。遥望张飞大明灯烛，正在帐中饮酒。张郃当先大喊一声，山头擂鼓为助，直杀入中军。但见张飞端坐不动。张郃骤马到面前，一枪刺倒，却是一个草人。急勒马回时，帐后连珠炮起。一将当先，拦住去路，睁圆环眼，声如巨雷，乃张飞也。挺矛跃马，直取张郃。两将在火光中，战到三五十合。张郃只盼两寨来救，谁知两寨救兵，已被魏延、雷铜两将杀退，就势夺了二寨。张郃不见救兵至，正没奈何，又见山上火起，已被张飞后军夺了寨栅。张郃三寨俱失，只得奔瓦口关去了。张飞大获胜捷，报入成都。玄德大喜，方知翼德饮酒是计，只要诱张郃下山。

以前总是酒后莽撞的张飞这次将计就计，故意喝得酩酊大醉，以此来欺骗敌人，并最终成功制敌。

博弈的双方往往对自己和对方的优势及弱点都了如指掌，而且往往会想方设法地加以利用，把弱点作为突破对方防线的重点，这也成为策略欺骗形成的基础。

一个人的特点和习惯最容易让对方形成固定的思维方式，在三国故事中，不乏这样的例子。诸葛亮认为，曹操性多疑，精谋略而不识诡计，曹操也因此差点在华容道丧命。司马懿感叹诸葛亮一生不曾用险，但没想到诸葛亮会来个“空城计”让自己上当。在拳击比赛中，选手的特点几乎被对手调查得很详细，但是，如果谁能在熟悉的人面前做出一些出其不意的变化，就很容易取得胜利。

第四节 边缘策略：不按套路出牌

唐朝时，曾是宰相的陆元方之子陆象先气度很大。在青年时，就以喜怒不形于色而闻名。

陆象先在通州做刺史时，家里的仆人在街上遇见他的下属参军没有下马。这个仆人虽然没有礼貌，但参军却对此小题大做，命人鞭打仆人。原本参军仅仅是陆象先负责军事的下属官员，而且陆象先的仆人也未必认识他。事后，参军见到陆象先时说："我不该打您的仆人，下官有错，请大人免去小人的职位吧。"

陆象先早已知道这件事，便对他道："仆人见到你不下马，打也可以，不打也可以；你打了仆人，罢官也可以，不罢官也可以。"说完就不再理睬这位参军，径直离开了。参军离开之后，不知如何是好，既没有说罢免自己，也没有说不罢免自己。但参军从此收敛了很多，因为他记住了那句"罢官也可以，不罢官也可以"。

在双方已经有了矛盾的时候，人们为了避免因这种矛盾而导致同归于尽的结果，都希望找到一个方法，使对手不敢再做对自己不利的事，同时也不致使对手狗急跳墙，使出两败俱伤的策略来。这种方法就是创造一种风险，告诉对方，再这么做会有他不希望看到的事情发生，这就是边缘策略。

边缘策略是故意创造一种人们可以辨认却又不能完全控制的风险。实际上，"边缘"这个词本身就有这样的意思。作为一种策略，它可以迫使对手撤退，将对手带到灾难的边缘。

边缘策略的本质在于故意创造风险，因而它是一个充满危险的微妙策略。这个风险很大，甚至大到让你的对手难以承受的地步，迫使对手按照你的意愿行事，进而化解这个风险。那么，是不是存在一条一边安全而另一边危险的边界线呢？实际上，人们只是看见风险以无法控制的速度逐渐增长，而并不存在这么一个精确的边界线。边缘策略的关键在于要意识到这里所说的边缘是一道光滑的斜坡，而不是一座陡峭的悬崖，它是慢慢变得越来越陡峭的。

在市场竞争中，一些公司就是运用小步慢行的边缘策略来获得利益的。

在H市，移动和联通号码比例是3∶1。在价格上，移动采用紧跟策略，只比联通贵一点点。联通如果降价，移动就跟着降价。

在该市移动公司的楼下，有一个批发市场是整个城市卡号销售的中心。移动公司以地利之便，再加上自己又是卡号销售的大头，便强令所有的窗口只卖移动的卡。这样一来，联通在当地市场的占有率便开始下降，时间不长已经降到1∶5了。

有人给联通出了个主意：降价！把价格低一角。如果移动跟着降，那联通就再降一角，降到移动不敢降为止，降到消费者疯狂抢购联通卡为止。这样的话，不仅移动是亏损的，先降价的联通也要亏损。但移动的底子大，如果联通一年亏1亿元，它将亏4亿元。

如果联通采取这样的策略，一场价格战将会爆发！对于联通来说，这就是可以采取的一个边缘策略。如果联通破釜沉舟，那么价格降到一定程度的时候，移动一定会屈服，从而求着联通来谈判。谈判的结果必然是双方产生隐性的合作，由开始的对立慢慢开始合作，最后达到双赢。

边缘政策和其他任何策略行动一样，目的都是通过改变对方的期望，来影响其行动。我们普通人也可以加以运用，故意创造和操纵着一个在双方看来同样糟糕的结局的风险，逼迫对手妥协。

1988 年 3 月 25 日，霍华德·E. 贝尔法官开始负责审理“胡椒谋杀案”的凶手罗伯特·钱伯斯。但是，他遇到了一个非常棘手的问题。

当时的情况是这样的：陪审团一共 12 个人，却面临着解体的危险。陪审员们灰心丧气，请求调离这个案件。在法官面前，其中的一位陪审团成员竟然流泪。他哭诉道，在这个案子中，他承受着巨大的压力，精神几乎崩溃。与此同时，陪审团的女领导人也说，陪审团已经面临解散，无法再对这个案子负责；但也有一部分陪审员表示，陪审团虽然出现了一些状况，但仍可以继续工作。

由于无法达成一致，第一次审判的结果作废了，陪审团开始准备第二次审判，而犯罪嫌疑人罗伯特·钱伯斯也要多等上一段时间，才能知道自己是去监狱服刑还是被宣布无罪。从控方到辩方，从陪审员到法官，甚至犯罪嫌疑人都希望尽快结束这个案子。

9 天之后，情况还是和以前一样：在对钱伯斯的二级谋杀罪的严重指控问题上，陪审员们依然举棋不定，不知道是做有罪裁决，还是应该裁定其无罪开释。

贝尔法官这时候应该怎么做呢？

公诉人费尔斯坦女士和受害者莱文一家，都希望钱伯斯被判有罪，接受某种惩罚。他们不希望陪审团主导这个案子的结局，如果陪审团举棋不定，那么此案将不得不重新审理。

而被告钱伯斯和他的律师利特曼先生也认为，陪审团们没有起到相应的作用，还不如进行庭外和解。

利用陪审团既有可能做出判决，也有可能陷入僵局的不确定性，贝尔法官可以威胁原告和被告，使原告和被告双方尽快达成调解协议。如果陪审团真的陷入僵局，原告和被告会因此失去相互让步的激励，他们会通过谈判来找到一个折中的方案。另外，如果陪审团真的做出了判决，贝尔法官也未必愿意告诉双方的律师，他会拖住陪审团，为谈判的双方多争取一些时间。

陪审团如何判决，我们是无法控制的。但陪审团可能做出怎样的判决，我们是可以对其进行判断的，虽然这判断的结果不一定正确。在陪审团做出判决前，对立的原告和被告双方，可以通过谈判，提出自己的解决方式。

第五节　生活中的边缘策略

我们在电影中经常可以看到这样的场景：博弈的双方中有一方被另一方抓住。假设甲、乙为对立的双方，甲被乙抓获。那么乙就会严刑逼供甲，让其说出对乙方有利的情报。在乙的威逼利诱下，是说还是不说呢？

这个问题很明显就是“边缘”问题。我们知道，很多人不怕死，但却怕被折磨死：被折磨还不如马上被枪毙好。很显然，博弈的双方都知道这一点，所以，当甲落入乙的手中时，乙并不是以“不说我枪毙你”来威胁甲，而是选择严刑拷打来威胁他。因为，一旦真的枪毙了他，他的秘密就会跟着他一起“死去”，你将失去获得情报的机会。

有一群强盗抓住了一个知道藏宝地点的人，强盗头子用枪指着这个俘虏说：“宝藏在哪里？说！”强盗头子以为这样就可以使他招供，但他想错了。果然，俘虏还是默不作声，拒绝回答。

强盗们不禁笑了起来，对强盗头子进言道：“头儿，假如你真的毙了他，他还怎么说话呢？如果不能说话，你又怎么能知道宝藏在哪里呢？他知道你不会杀他，他还知道你也知道你不会杀他。”

这个强盗头子可以使用边缘策略，但用那把枪来威胁就不对了。至于应该采取什么样的边缘策略，在侦探小说《马耳他之鹰》能看到这样的策略。在这本书里，有这样一节：侦探把一只极为珍贵的鸟藏了起来。歹徒要找出鸟藏在哪里，便威胁侦探，让其说出鸟的下落。侦探说:“那只鸟就在我的手里，我知道你想要，但假如你现在杀了我，你就别想找到那只鸟。也就是你在得到那只鸟之前，不会把我怎么样，那么你用什么办法让我说呢？”

歹徒说:“你很聪明，但我知道你在想什么。你断定我在没有得到鸟之前，不会做出什么出格的事来，而我也确实不敢对你怎么样。但我们都是男人，你应该知道，如果男人急了，什么事都做得出来，也就是说，如果你把我逼急了，我还真的会做出一些出格的事来，就算不知道那鸟在哪里也要这么做。”歹徒让侦探面临着一种风险，他没有以杀死侦探来威胁，但却说在僵持到极点的时候，自己可能无法控制自己，也无法预测结果会是什么？歹徒的意思是：我不会杀你，但要看你怎么做了，如果你做的和我想的完全相反，我急了也可能杀了你。歹徒通过这种方法让侦探处于一种境地：自己有可能在对方无法忍耐的情况下被杀害。但是，歹徒并没有威胁侦探：假如你不肯招供，我就杀了你。

这样的话，侦探越怕死，这个威胁就越管用。不过，歹徒也面临着巨大的压力，假如他不怕死，真的不说，难道真的杀了他吗？只有在这样一个条件下：这个策略的风险小到让歹徒觉得可以接受，而又足以迫使侦探说出那只鸟的藏身之处，也就是当侦探重视自己的生命胜过歹徒重视的那只鸟时，这个策略才能奏效。

其实生活中涉及边缘策略的还有很多，下面是一些关于边缘策略的实例。

美国独立战争期间，曾涌现出一批著名的将领，普特南就是其中之一。在独立战争之前，他还曾参加过法国和印度之间的战争。有一位英国少将在这次战争期间向普特南提出决斗，他的实力普特南是知道的，如果动真格，英国少将取胜的可能性很大。

于是普特南便决定采用另一种决斗方式。他邀请这位功力不凡的英国少将到他的帐篷里，普特南提议采用新的决斗方式——比谁的胆量大：两人坐在炸药桶上，炸药桶连着导火线，点燃外面的导火线，谁先害怕并移动身体者输。

导火线烧到一半的时候，普特南竟然还能悠然地抽着烟斗，而英国少将显得焦躁不安。当导火线快燃烧到炸药桶附近时，少将再也承受不住，从桶上跳起来，一脚踩灭了导火线，并大声说自己输了。

普特南获胜的秘密就在于边缘策略的运用：将双方一起置于一个灾难的边缘，迫使对方认输。不过，普特南后来承认，桶里装的根本不是炸药，所以他才那么气定神闲。当然，这看起来有作弊的嫌疑，但即使不作弊，普特南赢的概率也要比与英国少将真刀真枪的决斗赢的概率大得多。

在谈判中，敢于说出“游戏结束了”的一方容易占到上风。因为他不怕“边缘”，表现得更加不怕两败俱伤。而在国际政治上，也是这个道理，往往不怕走到战争边缘的一方能够提高自己的谈判优势。

“冷战”时期，苏联领导人赫鲁晓夫在西柏林制造了紧张局势。随后，他在访问美国的时候，通过谈判缓和了局势。赫鲁晓夫似乎表现出了不惜一战的强烈意愿，因为他制造了危机，但这实际上只是苏联方面所采取的边缘策略，是力量相对弱势的一方采取的谈判策略。

在我国古代，也有边缘策略应用的典范实例。

战国时，楚怀王被秦国扣留在咸阳，而楚太子横又在齐国做人质。楚国没有了国君，顿时乱成了一锅粥。大臣们思来想去，觉得还是请太子横来继承楚国王位比较合适，便派人到齐国索要太子。齐王虽答应太子可以离开这里回去做国君，但却强迫太子在做了国君之后，要割让楚国东边五百里土地给齐国。太子横的谋士慎子说：“太子殿下，姑且先答应齐国的要求，再随机应变。”就这样太子横回到了楚国继承王位，即楚襄王。

齐国的使者很快就来到了楚国，来索要那五百里土地。楚襄王在殿上请群臣商议，到底如何处理此事。

大臣子良说：“楚国乃信义之国，既然说过要割让五百里土地给齐国，那就要说到做到。但是，我们要牢记这个教训，好好发展国力，再伺机把失去的土地夺回来。要让齐国知道，楚国武力强大，不是那么好欺负的。”

大臣昭常不同意这种做法，他说：“保卫国土是我们将领的职责，我决不能眼睁睁地看着土地割让给别的国家，臣愿去守卫这些土地。”

而景鲤则说：“还可以向秦国求助，以楚秦之间的交往关系来看，秦国绝不会坐视不理。因为秦国这么做只有好处，没有坏处。秦国一向以大国自诩，绝不会允许齐国强大起来。”

这时慎子不慌不忙地说：“上述列位大臣所言，均有可取之处，我王不妨一起采纳。让昭常负责守卫国土，让景鲤去秦国搬救兵，让子良到齐国去献地。”

楚襄王依慎子所奏，让各人依旨而行。

子良到齐国之后，对齐王说：“楚国割让给贵国的土地已经安排好了，陛下可派官员去交割。”

但齐国派去的人却被昭常赶了回去。齐王恼怒地对子良说：“卿言土地交割诸事项已备妥，为何寡人派去之人竟被赶了回来。”子良回答道：“楚王确实同意割让土地，昭常竟然拒绝这么做，那就是不尊旨意，请齐王派兵攻打他吧！”

齐王怒气未消，便要派兵伐楚，但就在这时，却传来了景鲤请来 50 万秦军兵临齐国边境的消息。齐王无奈，只得派使者到秦国求和，并答应不再为难楚国。

其实楚国对付齐国所用的就是边缘策略，这是通过下放对军队和武器的控制权来实施的。这种方式在使用核武器的时代则更为直接。

20 世纪 90 年代初，印巴之间相互以核武器相威胁，让世界惊出了“一身冷汗”。

1990 年，因克什米尔问题，印巴双方再次闹僵。在印巴边境，印度调集重兵，摆出一副立马就要杀进巴基斯坦的架势；而巴基斯坦也集结重兵，严阵以待。眼看第四次印巴战争就要爆发，就在这个时候，美国的间谍卫星却在巴基斯坦的境内检测到一列神秘的车队，车队从巴基斯坦一处核设施附近出发，前往一个空军基地！

美国外交官在第一时间将这个消息通报给印度。印度赶紧下令将印军撤回，因为印度非常明白这个消息的严重程度——巴基斯坦正在秘密准备核武器！就算印度认定巴基斯坦不会故意使用核武器，巴基斯坦还是靠此消息有效地避免了第四次印巴战争。因此，如果两个国家都有核武器的话，那么两国发生战争的可能性微乎其微，因为一旦把一方逼入绝境，就有可能动用核武器。而如果有核国家与无核国家之间出现了军事摩擦，有核国家相对来说要占有一定的优势，这也是我国奉行“不首先使用核武器”的原因，就是为了不挑起局部地区军事冲突。同时许多没有核武器的中小国家，甚至是个别大的国家都在偷偷地研制核武器，也就是这个原因。